慢行致勝

12個創造穩定成功的祕訣

Matt Little
麥特・利投 著
吳書榆 譯

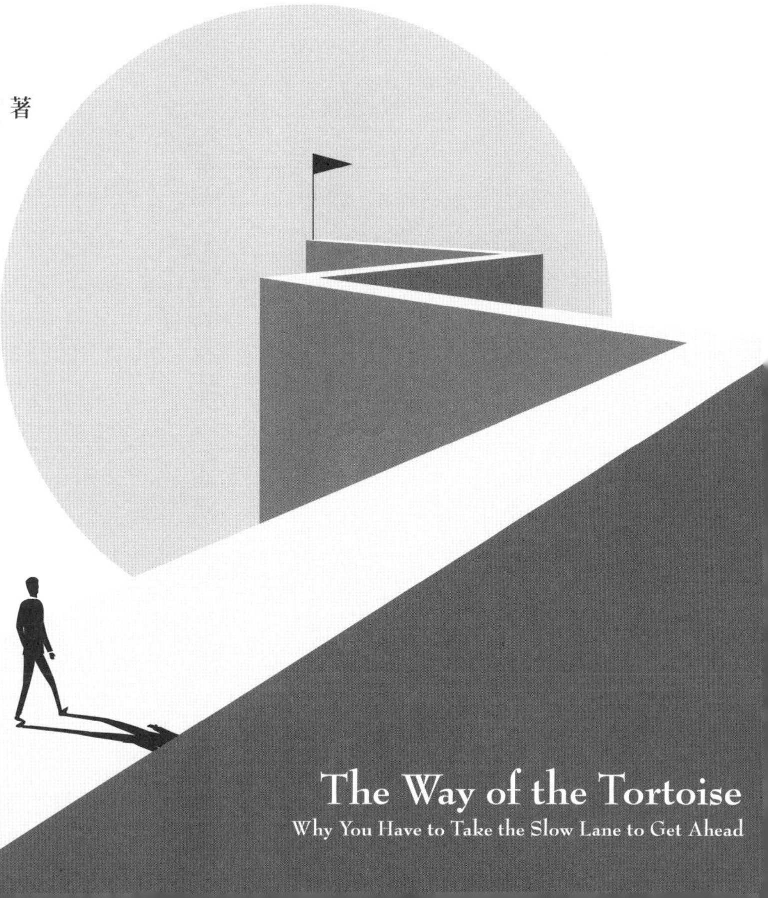

The Way of the Tortoise

Why You Have to Take the Slow Lane to Get Ahead

獻給奧斯卡（Oscar）

CONTENTS

PART
ONE

烏龜打敗了兔子

PART
TWO

龜型人請至新訓營報到

推薦序

天賦不是一切，人生更可怕的是「堅持」！

《自律學習力》作者、教師、講師
陳怡嘉

如果人生是「龜兔賽跑」，那麼，大多數情況下的我，都是那個腳踏實地的烏龜。

國一剛入學的我，數學只有五分，平均四十六點五分，是班上倒數第三名。那時我每一科都很差，那種差不是因為不認真，而是程度不好，完全不知該如何開始？

無計可施的情況下，爸爸帶我去找了位補教名師求助，那位老師告訴我：「數學不用補習，只要把每一題蓋起來算三次就會了！」

那天回家後，我先打開了數學講義，發現像是天書，完全看不懂。但我沒有放棄，而是改拿出課本，從每一單元的基本原理開始，先一字一句弄清楚原理的意思，而後按照課本的步驟，從最簡單的題目開始逐一練習。

我蓋住答案把每一題老老實實算三次，每一題都耗費相當時間，每一次都靠認真推理瞭解，遇到卡關就重新開始，直到完全熟練為止。

當時只考五分的數學是最害怕的科目，但隨著一題又一題慢慢跨越，終於一路到了十、二十、三十……，也因為數學的進步帶動其他科目的信心，我越讀越起勁，到了國二時，我的數學已經是不用準備就能考滿分，還擔任數學小老師的程度，總平均也來到九十六點五分，成為全班第三名。

被稱為奇蹟的我從不吝惜將這段經驗分享給同學或學生，然而，遺憾的是：大部分的人都期待自己能如兔子跳躍、瞬間秒懂，對於穩紮穩打的按部就班毫無耐心！

我發現他們會聽從建議打開課本，蓋住答案開始練習，但只要卡關一次，就會失去耐心；好不容易練到第二次，但再次卡關就會直接去偷看解答「背算法」；甚至到最後，連願意算一次的人都不多，大家只想用「瀏覽解答、背速解公式」的方法學習，最終，這一科就成了越來越難的大魔王。

出社會後，執教鞭了，發現類似龜兔賽跑的故事更是比比皆是。

許多人仗著小聰明，一開始小範圍的臨時抱佛腳就能取得領先，做事情也總是喜歡找關係、抄捷徑，不願累積自己的認知和實力；隨著範圍越來越大，任務越來越難，這些一開始領先還沾沾自喜的兔子，因為缺乏「硬核」支撐，等到發現有一群早已練過基本工、身心素質都極佳、還很願意吃苦的烏龜趕上來時，只有措手不及可以形容！

「龜型人格」不只是懂得堅持而已。

這本《慢行致勝》的原文書名取得有趣，實際內容卻相當周全，作者麥特・利投為知名網球訓練員，曾為網壇好手安迪・莫瑞的夥伴，他以自身的經歷歸納「龜型人格」成功的原理，是一本探索自我、檢視態度的好書。

《伊索寓言》中的「龜兔賽跑」，我們看到輕敵的兔子最終被勤奮的烏龜所擊敗，瞭解要成為堅持的烏龜才能獲得成功。然而，事實上，要成為「龜型人格」並不容易？！

這書中除了梳理「何謂龜型人格」之外，更重要的是教讀者「如何成為龜型人格的方法」，其中包含必備的心理素質、十二項軟性技能、磨練的三個階段、如何贏得人心等等，因此，它不僅是一本作者的人生示範，更是一本能夠讓自己在各方面都同步強大的好書。

伏爾泰說：「使人疲憊的不是遠方的高山，而是鞋裡的一粒沙。」影響成敗的關鍵永遠都不在於目標的大小，而是心中的信念和堅持，有些事情不是看到希望才堅持，而是堅持了才會看到希望。期待最終我們都能「向烏龜學堅持」，享受堅持後看到希望實現的幸福！

推薦序
軟性技能的力量

安迪・墨瑞爵士
Sir Andy Murray

十二年來，麥特都是我團隊裡的一員，幫助我領導運動表現支援小組，並替我的訓練課程引進最尖端的科技和監督系統。在這段期間，我們經歷了各式各樣的高峰低谷。世界級的網壇要求極高，球員和支援人員每天都在承受高壓，合作關係難得持續幾年。

球員和團隊通常一年同處三十五到四十週，共進三餐，還要日日互相砥礪以求進步。然而，壓力就像生活裡的每一件事一樣，要不就成就你，要不就毀了你，以我和團隊的關係來說，雖然未必時時都能感受到，但我們之間屬於前者。

過去這幾年，我因為受傷而備嘗艱辛，在我近期的紀錄片《安迪・墨瑞：重啟計畫》（*Andy Murray: Resurfacing*）裡講得很清楚，亞馬遜（Amazon）平台上就可以看到。對於相關的人來說，每一天都是煎熬，大家都亟欲找到解方。到了這個層次，團隊要能順暢運作，必須要有信任、耐心，還要願意投入各式各樣的辛苦工作並做出犧牲。我們得先處理壓力以及諸多失敗和挫折，最終才能看到一些成果。

當然，我團隊中聘用的每一位專家都擁有高度的技術知識與必要的技能，然而，不管是在訓練上、復健上或是過程中的任何面向，要能面對幾乎每天都會出現的不同動態情境，還需要軟性技能以及「同感」。麥特一直都在這趟旅程中與我們同行，這位高成效的夥伴，一步一腳印走得踏實。我一開始會請麥特來協助我鍛鍊體能，最根本的原因之一就是看中他懷抱的價值觀。

營造歡樂的環境搭配有意思、多變的訓練課程也很重要。從紀錄片裡也可以看到，這代表要讓支援團隊參與我的訓練，以增添滋味。這些比較輕鬆、比較有趣的時光很重要，有時候，互相戲弄並招惹彼此是好事！如果我得受罪的話，我希望大家也一起陪我。這些都和菁英層級運動中要不斷重複練習的本質有關。讓一位運動員以及其團隊保有活力並集中焦點、同時又能有點樂趣，對我來說極為重要，對於我身邊和我共事多年的人們來說亦然。這裡便是我的運動表現支援小組的重要著力點，他們不僅在最近幫助我度過難關，更從很早期就在這方面為我提供協助。

我知道麥特的事業發展是一段很漫長的旅程，循序漸進發展到他今日所在的層次，而且，不只是在我的團隊裡時是這樣。麥特投身菁英級的網球運動已經超過十五年，和網球界從最基層到最頂尖的各年齡層球員與團隊合作過，他是贏過二〇一五年戴維斯盃（Davis Cup）英國代表隊裡的一員，也和草地網球協會（Lawn Tennis Association）的青少年配合過，不管是哪一種，麥特都盡心盡力。

我很清楚，要達到我們今天的境地，需要多少的決心、坦誠、忠誠和幹勁。我和麥特每天敦促彼此，盡力發揮自己最好的一面，我所提到價值觀和軟性技能，就在這裡發揮了非常重要的力量。

序
我的攻頂之路

我算是一個罕見的範例，從十六歲就知道自己以後想做什麼：我要靠運動維生。我成長於倫敦郊外薩瑞郡（Surrey）蘇頓鎮（Sutton），接受的是很普通的市郊中產階級教養。我和很多蘇頓鎮同齡的男孩一樣，每個星期都去球場踢足球。從星期五到星期天傍晚，我的父母很難得見到我或聽到我的動靜，我會到星期天傍晚才匆匆衝進門，因為得早點上床睡覺準備明天上學。等到我十六、七歲，我和朋友發現了網球這項運動，只要一有時間，我們就會相約到本地的網球中心打球。網球運動以及波瑞斯．貝克（Boris Becker）和安卓．阿格西（Andre Agassi）等超級明星球員讓我們萬分著迷。

我雖萬分熱愛運動，也認為自己很棒，但現在回頭看，我知道自己的才華並不出眾，顯然達不到能以職業運動維生的水準。我有所不知的是，這會成為我最初的龜兔相遇時刻。

我這話是什麼意思？且讓我們從一則約兩千五百年前古希臘人伊索（Aesop）寫的老寓言講起，整個西方世界都很熟悉這個龜兔賽跑的故事。故事說，有一隻兔子嘲弄烏龜速度慢吞吞，烏龜生氣了，就邀兔子一起賽跑，自大的兔子馬上說好。

當然，有望贏得比賽的是兔子，兔子飛也似地起跑，快到覺得自己可以停下來休息一會兒。兔子在洋洋得意中入睡，任由烏龜超越，最終贏得比賽。伊索要傳達的重要訊息是，不見得速度最快的人就贏！這也是本書的中心要義。年輕時，我們有願景，夢想著我們希望的人生，在自己想要從事的專業中走出一條路來。我想要傳達給每一位本書讀者的重要訊息是，無論你目前在這項專業上的技能水準是高是低，現有的知識是豐富還是淺薄，你絕對有可能達成夢想。

我認為，要達成目的有兩條截然不同的路：一條快速、危險且直接（這是兔子的路），另一條比較慢、需要耐性且蜿蜒曲折（這是烏龜的路），我的重點在後者。

慢慢來，才能比別人快

現代，有很多剛剛踏進職涯的人想要找到快速捷徑，直抵夢想的工作。年輕的教練常問我：「我要如何才能和頂尖網球選手合作？」對他們多數人而言，現實是，如果他們仿效我過去的抉擇，走一條與我類似的路徑，比較可能帶領他們達成設定的目標。他們要付出十年的犧牲、全心全意的承諾以及無數無眠的夜，才能做好準備做這份工作。接下來，他們很可能還要再歷經五年磨練，才能在這個層次上應付裕如。

你可以想像一下，當我傳達這個訊息時會得到什麼回應。首先，對方會一臉困惑又失望，接下來會反唇相譏，說他們能更快達成目標，證明我是錯的。雖然我對於這類反應沒有太大意見，但我寫出一本值得花時間一讀的書，來講一講我對於尋找快速通往成功之路的人有哪些疑慮。

如果你是一個缺少耐性、高強度取向、專挑快速道路走的人，你可能會想要跳過讓人不舒服、平凡乏味、黯淡無光的事情，然而，當你閃避這些時，必然會錯過很多能為你奠下紮實基礎、讓你真正精通你所做之事的豐富經驗。你當然可以認為慢慢努力爬到頂點是很無聊的事然後走避，但是持續競賽的過程中，你會累積綜合技能的巨大差異，之後會拖垮你。

慢行的路，是烏龜選擇的，能讓你一路前行時有時間注意到事業發展中比較細微的部分，也能替你做好準備，有朝一日接下高壓、高調工作時便能游刃有餘。要來到這個層級，你要經歷一場艱辛的個人旅程，累積廣泛的經驗，循序漸進地面對壓力，並多花點時間發展出你自己的方法。

所以說，對我而言，選擇做烏龜是比較怡人的方法，也比較可能提供必要的工具讓你確實精通選定的專業，創造出真實、持久的成就。我通往成功的緩慢之旅，讓我有能力和毅力將熱情轉化為終生的事業，而且，我相信也教會我一些走別條路就學不到的寶貴心得。

在本書前幾章，我要談一談和烏龜之道有關的特質和價值觀，比方說忠心耿耿、熱情澎湃、正面樂觀與慷慨大方等核心特質，以及每一個想要成功的龜型人都必須努力養成與實踐的價值觀。

我也會花一些時間檢視兔型人以及他們非常不同的特質與價值觀，例如沒有耐性、衝動和過度自信。這不代表這些人就不會成功。很多一流的產業甚至國家裡都有很多兔型人，但是由於他們獲得成就的方法以及成功之後的行事作風，兔型人的成功通常很短命。雖說如果你會讀這本書的話很可能就不是兔型人，但你一定很熟悉這種人：他們很愛畫大餅亂承諾、大談自己的成就、很愛臨場發揮，並以光速來去匆匆。他們什麼都做，就是不懂韜光養晦。

我個人的龜兔賽跑

我和朋友早在十三歲時就知道網球這種運動，那時我們這裡開了一家網球俱樂部，青少年可以優先進入。跟著學校過來參訪時，我們都愛上了這個地方，之後花了很多時間在這裡打球，很快就變成好手。我們把電視上看到的職業球員當成偶像，像著了魔似地研究他們的比賽，每年夏天都跑去睡溫布敦（Wimbledon）外的人行道，就為了買張票親眼看到他們打球。

回首過去，我現在明白我們誰都沒有機會成為職業網球員。我們崇拜的球員、甚至是我們在本地比賽碰上的很多同級對手，都是從非常小的時候就勤練網球。至於我們，一直到了十幾歲出頭的時候才開始了解這項運動，渴望能在職業場上一較高下。我們並不自知，自己當時是用兔子的思維在想事情。

要到職業球員的層次，技能、才華、運動能力和競爭拚勁需要到哪一個水準，向來有諸多的爭論。如果我們當中有任何人握有公正的標準可以衡量每一個面向，或許可以在我們希望成為職業網球選手的夢想中發揮重要作用。但，以我現在的理解來說，我很清楚在菁英層級的運動場上，少有兔子型的人物。在多數運動上，要能達到巔峰，你需要從很小的時候就做一隻烏龜，做一輩子的訓練。丹尼爾．科伊爾（Daniel Coyle）在《天才密碼》（*The Talent Code*）裡寫道：在運動界，「成功」通常都歸功於一個簡單的事實：你家附近剛好有一位偉大的教練，負責指導某個方案或任職於卓越中心，他領你進門並好好培養你；唉，我們家那邊的網球中心早開十年就好了！但我寫這本書可不是在訴苦。我在運動中度過了童年，每一分鐘我都愛。我很快就明白我達不到靠打網球賺錢的境界，但我也知道，我可以用其他的方法用網球開創職涯。

我懷抱著要在網球界成為體能訓練方面專家的具體目標，繼續研究學習。我必須說，我的學術資歷並無助於我在職業運動最高層次工作。我在學校念書時理科不及格，這表示，我拿不到運動科學方面的學位。但，我盡力而為，繼續研讀休閒管理，這一門學科一半是商業，一半是運動科學。

不讓人意外的是，揣著這個學位出校門，並無法敲開菁英運動世界裡的任何一扇門。但我去頂尖運動員受訓的地方做志工、去打擾相關人士、做觀察或者就是跟過去，想辦法培養人際關係並多學一點。我有很多年都在健身房做入門層級的工作，負責清理健身器材和折毛巾，在此同時，我也吸收一切資訊，並我向我遇到的頂尖教練（他們和職業網球選手合作）學習。

終於（這對烏龜一族來說是極為重要的詞），我得到一個機會，在我最初開始學打球的網球中心和全國級的選手合作。在這裡，我花了很多時間去思考怎麼做有效、怎麼做無效，也犯過無數的錯誤。

接下來呢？我來到一個停滯不前的高原區，就是這麼一回事。我和球員之間的合作沒有進展，我覺得我在這個中心的機會就已經到頭了。我感受到，我很可能在這個工作上虛度未來的十年，哪裡都去不了。

某天傍晚，我在看電影《美國心玫瑰情》（*American Beauty*），主角萊斯特・柏罕（Lester Burnham）對於自己沒有前景的人生感到無奈，因此重新改造自己，變成一個新潮、吸大麻又積極進取的人。我坐在那裡看著萊斯特，頓時得到啟發，但無關吸大麻。忽然有一股力量擊中了我，讓我明白我僅有一輩子，我最好走出去，冒一些風險，找到新方向。只有我能把我的人生帶往我希望的方向。

當晚，我做了一個重大決定，要拋下一切，繞過大半個地球前往澳洲。我想要去找找一些全世界第一流的教練和網球選手。澳洲陽光燦爛的時節很長，戶外活動又興盛，有絕佳的網球傳承，很多職業選手，包括後起之秀和已經站穩腳步的明星，受到此地的相關設施吸引，都選擇在這裡住下來並接受訓練，能幹的訓練人員也蜂擁來到南半球。

幾天後，我辭去工作，並花了一個月準備行程。我列出澳洲每一家州立網球中心，還有體育學院（Institute of Sport），一問再問，看看他們是否需要志工，或是能不能讓我去看看他們的運作。

雖然我匆匆忙忙到來，但在這些澳洲機構裡任職的人對我可好了。我不僅順利找到有薪職、和西澳洲州立中心的網球教練馬克・泰勒（Mark Taylor）共事，我還獲得了大量的知識和經驗。我只帶著幾百英鎊和一張信用卡就來到澳洲，打算用我有限的資金撐上一整年，不用志工的空檔時間就去找其他有薪工作。

有一個小故事能凸顯出我想要讓這趟旅程成功順利的企圖心，那就是我一抵達伯斯（Perth）就去找馬克．泰勒；我一直苦苦糾纏很多人，他是其中之一。我們一拍即合，而且，很幸運的是，他需要多找些人來幫他執行訓練方案中的兒童健身訓練。我馬上開始工作，在西澳洲州立網球中心（State Tennis Centre in Western Australia）做了好幾個月。馬克在工作上表現出色，很快就被挖角到雪梨擔任重責大任，留我在伯斯做著基層的工作。

馬克在雪梨就任之後的幾個星期，某天他開門時發現我站在門口，背著我的背包。我認為，他可以回答我的所有問題，告訴我接下來的人生該怎麼走，於是我又來煩他，希望他能多給我一些工作。他招待我吃一頓好料，讓我在他的沙發上過了一夜，打定主意隔天就把我丟出他家，繼續過他的人生。

在命運的安排之下，我在澳洲花了一年從事發現之旅後剛回到家鄉，居然接到馬克的來電，他後來也搬來英國，開始替草地網球協會在羅浮堡大學（University of Loughborough）培養英國菁英青少年選手。看起來，他已經原諒我不請自來闖去他家那件事，還有，他需要一名健身教練。

於是乎，我又來了，再度睡回他的沙發。我猜，當我隔天搬進替代宿舍時，他應該大大鬆了一口氣。多年後事過境遷，我們仍開玩笑說我一輩子都會陰魂不散跟著他。雖是玩笑話，但後來我發現，就算你是烏龜一族，也應該要培養人際關係，和你這一路上遇見的人保持聯絡。

想像中的終點線

我花了五年時間持續盡心盡力，或做志工或有領薪，做著低階低薪的工作，終於換來第一份入門階段的工作，參與青少年高表現方案（Junior High Performance）和馬克共事。我終於能和國際等級的青少年網球選手合作，我認為我成功了，我認為我已經學到所有該學的知識了，我以為我已經準備好了。我真是大錯特錯。之後我又大概花了五年的時間，畫出全世界斜率最大的學習曲線。

我在羅浮堡大學的上司是萊頓·阿佛瑞德（Leighton Alfred），他是我見過最出色的教練之一。在他充滿熱情的指導之下，我才知道身在菁英運動的尖端是怎麼一回事。我一次又一次犯錯，事後整理好自己，隔天再找回正確的心態，從中我學到什麼叫對的態度、工作倫理與行為。

當時是二〇〇二年，我還不知道網球世界裡有什麼在等著我。我和摯友伊恩·修斯（Iain Hughes）分租公寓，當時他主要也在羅浮堡的體育學院工作。我們每星期會去麥當勞吃一次早餐，幻想著假使我們有機會的話，能和全世界最出色的球員一起工作會是什麼景況。十年後，我們兩個最後都在專業巡迴賽中找到工作：伊恩和國際女子網球協會巡迴賽（WTA tour）中站穩前二十名的伊莉娜．斯維托莉娜（Elina Svitolina）一起，我則和當時世界排名第三的安迪．墨瑞一起。直到今日，我們都還會掐掐自己確定一切都是真的，並回想當年早餐時的對話，不斷提醒自己我們兩個如何成為現在的模樣。

我在羅浮堡磨練了五年之後，英國國家網球中心（National Tennis Centre，簡稱NTC）釋出一個職位，讓我有機會和當時在世界舞台上競技的最出色英國職業選手共事，比方說傑米．巴克（Jamie Baker）、蘿拉．羅伯森（Laura Robson）、羅斯．哈欽斯（Ross Hutchins）和李伊．柴德斯（Lee Childs）等等。這對我來說是一件大事。二〇〇七年夏天，我也和傑米．墨瑞（Jamie Murray）培養出很好的合作關係。

在那之前的幾個月，某天在國家網球中心的健身房，我走進心肺功能訓練室，剛好遇見疲憊不堪的安迪．墨瑞坐在地板上。當時的安迪才二十歲，打了兩年四大滿貫賽（Grand Slams），在溫布敦、美國公開賽（US Open）和澳洲公開賽（Australian Open）打進了第四輪。當時英國小小的網球圈裡沒有太多頂尖明星，因此安迪被視為大人物。顯而易見，他非常出色，正踏著穩健的腳步向目標邁進，要在這項運動上創造出偉大的成就。那天傍晚，他只是在跑步機上跑步，看起來是要逼自己超越極限（這是一項我最終會經常見證到的特質）。在本書之後的篇幅中，我會再談到如何在這種時刻醞釀「同感」。像這樣因緣際會之下見到安迪，是我第一個關於「同感」的好範例。

當時，我已經和很多菁英選手合作過，累積出可觀的經驗。我俐落地走向安迪，自我介紹，對他說如果他在健身房裡需要任何協助，叫我一聲就好了。之後我就讓他待著，自顧自地走出訓練室。

如果你去問安迪，我很懷疑他記不記得這次的相遇。這也是我刻意營造的結果。如果當時我比較沒有經驗又熱情過了頭，就會很樂於把當時變成「我發光發熱的時刻」，對安迪大力吹捧自己，為了自我推銷，問他很多和訓練方法和比賽相關的深入、尖銳的問題。如果我這麼做了，安迪一定會記得這場對話，但是理由完全非我所想，他也不太可能想要和我共事。我反其道而行，採取烏龜的策略，以比較長期、比較微妙的方式來認識像他這樣非常重要的選手，並希望這會是最好的方式。如果這代表我無法和他搭上線，那我寧願接受這樣的結果，也不希望因為太過咄咄逼人而可能造成負面印象。

巧的是，安迪的哥哥傑米在二〇〇七年贏得溫布敦公開賽混雙決賽時，我正和他合作。我和他、安迪以及他們的經紀人帕特里西奧·阿佩（Patricio Apey），一起去了倫敦一家高檔日式餐廳。他們兩位甚至被人「偷拍」到坐上我的豐田可樂娜（Toyota Corolla）離開餐廳；如果要說的話，這應該就是我的好萊塢體驗了。

幾個月後，我在教練奈吉爾．席爾斯（Nigel Sears）的五十歲生日宴會上見到了安迪（奈吉爾日後成為安迪的岳父），我們坐下來談笑了幾個小時，安迪甚至邀我下個星期跟他去做訓練。健身期間，我興奮不已、熱情過度，安迪大部分時候都在笑我，但他也一定從中有一些體會。幾個星期之後，他請我加入如今大家所說的墨瑞團隊（Team Murray），我也開啟了一趟長達十餘年的旅程，見證他崛起成為世界第一。

和墨瑞團隊共事

緊張到快要崩潰了。我第一次要飛往邁阿密（Miami），加入一個由傑斯．葛林（Jez Green）、麥爾斯．馬克拉根（Miles Maclagan）、安迪．愛爾蘭（Andy Ireland）和路易斯．凱爾（Louis Cayer）等名聲響亮教練和物理治療師群組成的團隊，參加我們墨瑞團隊第一次訓練，啟程前一天傍晚，第一句話就是我的寫照。

我坐下來和老朋友馬克．泰勒一起吃晚餐，和他同行的還有物理治療師馬克．班德（Mark Bender），我和他也很熟，而他本人也在幾年後加入團隊。「做自己，多努力，低調點，並拿出最好的一面」是當晚這兩位對我的諄諄教誨。我試著做到，然而，我帶著無窮無盡的旺盛精力與熱情抵達美國，之後卻發現自己缺乏這個層級的相關經驗，這讓我在接下來的五年成為典型網球笑話的嘲弄目標。我還能期待什麼？我在這些資深教練中可是從最基層起步。然而，我還是贏得他們的尊重，而且，能擁有這樣的機會我也只能慶幸。我和團隊一起工作，竭盡所能為安迪創造一個最好的環境。

這一次，我的學習曲線又是近乎垂直。我花了很多時間觀察團隊成員和安迪、其他專業巡迴賽選手、教練、經紀人等等的互動，我一定犯過很多錯，但我努力不二過。我走烏龜的路一步一腳印才走到這個舞台，所以，就算每到一個新階段都會帶來不同的挑戰，過去的經驗仍給了我夠穩固的根基，讓我有能力直接面對。如果沒有這些，我真不敢想，二〇一四年安迪的網球教練伊凡·藍道（Ivan Lendl）離去、阿梅莉·茉莉絲摩（Amélie Mauresmo）開始接下這個角色，當團隊面對此一最大挑戰時，我又會因為能力不足一籌莫展到什麼地步。你可以想像，更換教練這等大事會掀起何種風暴。安迪在藍道的指導之下贏得前兩座大滿貫，同時拿下二〇一二年倫敦奧運的金牌。

加入墨瑞團隊七年後，我慢慢在最高階的網球運動上累積起知識與能力。有成就也有自信之後，我做好準備，也有能力站出來領導。讓人惋惜的是，由於藍道離職，也有其他人跟著離開，團隊的組成隨之改變，我從最沒有經驗的人變成團隊中最資深的人，我必須留下來。現在，基本上我可以帶領安迪的支援小組，幫忙穩定這艘在驚滔駭浪中行進的船。

回首和安迪共事的十年，我看出我踏出的每一步明顯遵循烏龜的慢行之道，才來到今日這個境地。我花了五年的時間才覺得自己能勝任，又花了兩年時間才贏得更多的信任與責任。倘若整個過程再加快，我就無法做足準備。我無法犯下足夠的錯誤，也學不到足夠的教訓。以我的職涯階段分類（本書之後也會套用這種分類法）來看，我的旅程大概像是這樣：

入門前階段：我早年的志工生涯

- 了解網球選手的訓練活動；
- 理解我從明師身上學到的方法，重新調整成我自己的風格；
- 學習如何和全國等級的運動員、他們的家長和教練互動；
- 前往澳洲，培養出獨立思考、自我負責與果斷力；
- 在他們的環境中親身體驗最好的教練和運動員是怎麼訓練的，吸收他們的訓練強度與對細節的關注；
- 培養出終生的人際關係；
- 向未來的雇主證明我與眾不同，具備毅力、企圖心且重承諾。

入門階段：我的羅浮堡歲月

- 發現我所知少之又少！
- 學到如何面對頂尖的國際級運動世界，同時也能站穩我的腳步；
- 開始起步並在大量的監督之下測試我的方法；
- 開始對國內最出色的球員與教練醞釀出「同感」。

專家階段：我在國家網球中心的經驗

- 接觸到資深球員以及他們的教練；
- 以我的理念為基礎，讓我的溝通技巧和信心更上一層樓；
- 被賦予責任，管理其他肌力與體能訓練教練；
- 接下新的挑戰，強迫自己培養新技能。

成為影響者的階段：替安迪・墨瑞領導支援小組

- 善用我的溝通技能和頂尖球員及教練合作；
- 清楚並信任我自己的方法；
- 在獨立思考上再加上人員管理技巧與經驗；
- 仍在犯錯，但有了過去累積的二十年經驗，如今犯的錯已經少很多了。

入門前階段會累積出很多很重要的教訓，幫忙塑造一個人，不可等閒視之。到了入門階段，這些經驗就變成我這個人的一部分。來到專家階段，我在比較低階時犯了錯還能脫身，此時已經無可容忍。等到我開始邁入成為影響者的階段，替安迪．墨瑞領導支援小組，我終於做好準備。

我的職涯旅程細節可能和你的不相符，而我認為重點是要檢視每一個步伐以及其重要性。太常看到的情況是，我們只看到別人有了哪些成就，卻沒有真的去細看他們到底是怎麼樣才達成目標的。雖然當時的我也並不自知，但是我在這條漫長道路上的每一步，對於我後續的成功都非常重要。我深信，很多人也可以從走這條路、選擇慢行道來發展自我而受益。在我的人生中，我一次又一次看到龜行之道是通往真實且持久成就的唯一路徑。

從理論到方法與軟性技能

在前兩個階段，你要學的是怎麼去做這一行，但，這實際上是什麼意思？對我而言，這代表兩件事，第一，你要養成價值觀，來決定你這個人以及當你的人生碰上任何狀況時你會用什麼態度去因應。第二，你要培養技能、學習正確的理論來支持你的方法，幫助你獲得最佳的成果。接著，你需要更進階的能力，用你獨有的風格來落實你的方法。

到目前為止我學到最重要的技能、能導引我和世界頂尖網球選手合作並坐穩這個位置的能力，是軟性技能。軟性技能適用於你的工作領域，也適用於你的私人領域。這些指的是創造成功所必要的情緒智商與心態。我相信，不管是國中小、大學還是訓練課程所提供的教育，大多忽略了這個部分。

且讓我們先拿這些軟性技能和多數人都熟悉的硬性技能來對照。在如今這個時代，要培養硬性技能比以前輕鬆多了，透過就學和網路可取得的大量資源尤其容易。如何擊球、如何呼吸、如何復健。當然，你一定要親自踏上學習體驗的旅程，才能理解要如何應用這些知識，還有，自然，在這方面有些人的表現會比多數人更好。但無論如何，基本上，提升自身的技能只需要按個鈕就好了，多數年輕的專業人士也就把自己的時間和心力投資在這個地方。這大致上來說是好事：硬性技能是工作的關鍵部分。但是，工作上要成為怎麼樣的人、或說是要如何待人接物，通常都被忽略了。

我們都希望過著更快樂、更成功的人生，正因如此。我在本書中著重的軟性技能，會比時間管理或解決問題等課程更重要。軟性技能關乎的是情緒智商、你表現出來的一致行為、你營造的人際關係，以及你是否能察覺其他人對於你的觀感。我的經驗讓我知道，如果你花時間磨練這些技能，會比你不去做更有可能超前領先。

「你要和別人處得來才能走得遠」是很多人都很熟悉的一句話，但，這表示你必須成為諂媚鬼、馬屁精或受氣包嗎？絕對不是。實際上，固執、心靈強悍以及觀點清晰才是成功人士身上的重要特質。但我相信，如果你有能力運用細緻巧妙的方法，而且知道要在哪些時機與環境適合展現這些特質，你的成效會更好，同事也會更喜歡你。

要如何應用這些技能，取決於你在所屬專業領域來到成就階梯的哪一個位置。入門階段實務人員需要的軟性技能，和中階經理人很不一樣。但基本面仍然相同：你如何和其他同事相處、你在職場環境下如何自處，這些都會造成影響。去感受一下你自己這個人以及你現在處於哪個階段，非常重要。如果你對這些事後知後覺，更高階的人很快就會來提醒你。

對於流星型的人、快速竄升的人以及具備極強大硬性技能的人來說，很多軟性技能並無必要。兔子一族通常自己定規則，開闢出自己的道路。這種天才橫溢、大膽自信或是很敢說大話的人我們身邊就有。這些人才可能很寶貴，組織負擔不起失去他們的代價，和他們共事的人不得已必須忍受他們的行為。兔子一族敢以傲慢自大、霸道強勢或傷人感情去壓制別人的感受，前提是他們要永遠都是對的或是必然能夠成功。兔型人一旦做錯決定或犯下錯誤，你就會看到他們有多快就面臨牆倒眾人推的局面。

開始思考你的行為與心態，會大大影響你的成效，以及你看待自身未來的觀點。如果你聽取我的建議，讓我帶你走一趟你可能的職涯歷程，你不但能達成心中想望的目標，這一路上也能走得更平穩。我希望，我在本書傳遞的經驗與知識，能夠鼓舞你走上烏龜之路，當你耐心打造成功的事業時，花時間琢磨你的軟性技能。重點不在於怎麼做，而在於如何成為創造出不同局面的人。

如何讓本書發揮最大作用

我不會把重點放在如何在你選定的專業培養硬性技能，我著重的是你表現出來的一貫行為、你的認知以及你經營的人際關係。當你理解了我在本書中詳述的烏龜之道心得，我希望你能善加利用：

- 發展出契合你獨有願景與價值觀的流程。
- 養成能形塑正面心態的日常新習慣。
- 向外探求能推動你向前邁進的挑戰。
- 對自己的能力有信心，相信自己能克服障礙、享受成功。

本書分成兩部，第一部先闡述在追求人生成就這場比賽中烏龜與兔子的差異。我們會檢視是哪些因素使得一個人變成兔型人，以及在人生中追逐速成的優點與缺點。我會把兔子的方法拿來和烏龜做比較，凸顯慢慢來的真實價值與值得之處；慢慢來的人會願意花時間犯錯與累積經驗，到頭來就讓一切大不相同。你會知道定義烏龜一族的是哪些基本特質。更重要的是，你會看到在你選定的事業中做一個龜型人，會有哪些對成功而言極為重要的價值。

在你投入適當的訓練將自己培養成龜型人之前，你要在第一部結束時先做一個龜型人測驗。找到你還需要發展哪些面向才能成為最好的龜型人，絕對是值得花時間去做的事。這樣一來，你就可以鎖定你有不足的領域，直接進入第二部裡相關的深入鑽研與演練。第二部提供和烏龜之道相關的知識，會幫助你走進龜型人新訓營，這是為期一週的短期心態演練，可以幫你做好準備，接受長期的發展訓練。

第二部提供務實建議、秘訣以及技巧練習，是為了讓你培養出能推進事業的必要軟性技能。你會學到如何運用這些能力並精益求精，讓你自己脫胎換骨變成你一直想成為的強大、成功龜型人族。你也會理解情緒智商與軟性技能之間有何差異，還會有一項同理心練習，讓你培養出最重要的「同感」。你也會有機會去鍛鍊你的判斷力、效率以及對他人的理解。

第五章是本書篇幅最長的一章，詳細說明各種務實的演練，幫助你思考如何高效因應壓力與失敗，還有成功。我們也會去看看當工作上出現壓力時如何學著照顧自己、家人以及所愛的人。

不過，除非你在這一路上能找出方法，知道如何經營重要的人際關係連結，不然以上這些東西對你來說也沒什麼用。

我們要因應每一個渴望成功的人都要面臨的一大挑戰：如何才能把你的想法與概念傳達給擁有權威或財力的人，讓你得以實踐。我會和你分享我的買單矩陣（buy-in matrix），這是很好用的工具，你可以用來思考如何用你的想法來影響不同階層的人們，評估成功的機會以及必須投入的心力。我希望，讀過這些篇章之後，你可以從我的錯誤中學習，也從我的成就當中得到啟發。你已經準備好踏上烏龜之道了嗎？

PART ONE

烏龜打敗了兔子

CHAPTER 1

為何烏龜贏得比賽

你很可能認識某個屬於兔子型的人，或者你在事業發展的某個階段遇見過這種人。你是不是想到哪一個團隊成員，只要一有機會就不吝於表達意見，也不管自己的想法是否周延？或者，你想到的是哪個用盡心機也要強出頭的同事？兔子型的人大膽冒進，這通常幫助他們在所屬組織裡快速晉升。你是不是查覺到你的主管或經理也是兔子型的人？這類兔型人甚至可能很享受自己的強勢人格讓身邊的人都怕他們。

但，他們的作法有幾項缺點。第一，強勢與帶侵略性的人格會讓同事避之唯恐不及，讓兔型人處於孤獨的境地，也因此很難有高效的團隊合作。第二，攻擊性太強的領導者會扼殺創意，阻礙人們表達意見。同事早晚會大爆發，拒絕受到這種待遇，導致工作環境效率不彰。而，最重要的或許是，兔型人使用的是「夠贏就好」的態度，只去做能在人前閃耀的工作，而不肯發揮自己全部的潛力。

兔型人通常也不可能長期維持高強度，所以，有很多這類型的人都只能有曇花一現的成就。對於和兔型人共事的人來說，在這種強勢人身邊長待，是一項極為艱鉅的任務，因此，兔型人換工作的頻率很高。就算他們待在同一家公司，也會因為主管和同事難以和他們相處，而頻頻在內部各部門來來去去。

但，就算兔型人的方法有誤，也並不代表比較精明的龜型人就能超前。龜型人能贏，除了避開兔型人犯的錯，更是因為具備最終能協助他們成功的重要特質。

龜型人特質

在下一章裡，我們會更深入探究龜型人行為的更細微之處，以及各種不同的烏龜行事之道，現在先讓我們來看一下四種讓龜型人取得競爭優勢的重要特質。

（一）忠心耿耿

雇主在考慮員工人格特質各個面向時，他們要找的重要特性之一是忠誠。在競爭激烈的菁英運動或商業世界裡，這是一種太罕見的寶貴資產，能展現這項特質極為重要。

人很誠實地說自己到底有多忠誠。有誰敢說，無論順逆、時機是好是壞，都會緊緊追隨著某個人、某個團隊或某家公司？但如果我們有意這麼做，這就是很好的龜型人格養成起點。我很清楚我的生命中有很多人都對我很忠誠，我也知道我準備好對哪些人展現忠誠，最重要的決定就是要判斷你要對誰與對什麼事忠誠。

常有人說，在商業世界裡最好不要一份工作一做就是三、四年，你若想推動職涯往前進，唯一的方法就是去找新機會。然而，過去常見的情況是，一輩子都在為同一位雇主效命，而且毫不質疑，我認為，現今的我們也可以從中學到一點心得。如果你的工作與所待的公司都很適合你，長期待下來能得到很多收穫。

我腦海中蹦出來的一個範例，來自於我身處的健身業，我要說的是星球健身房（Planet Fitness）。二〇一三年克里斯・隆多（Chris Rondeau）受命成為這家連鎖健身房的執行長，在我寫書時，公司的市值約為六十億美元，這可是了不起的成就。隆多一九九三年就在這家連鎖企業的第一家健身房工作，從櫃檯人員做起，大約待了三十年之後，一路成為公司的最高領導人。從健身房入口處的客戶互動，到每一項設施的清潔和衛生，這些成就了星球健身房的重要因素，他一開始都所知甚少，但到最後是他協助公司成立加盟店。他也改變了星球健身房對自身定位的想法。這家公司要做的不是把設施賣給顧客，克里斯想到的賣點是友善的氛圍。這個構想在行銷上熱賣，也帶領整個連鎖企業邁向成功。在星球健身房任職期間，克里斯遭遇多次企業重組、收購、雄心勃勃的兔型人後來居上跳到他前面，也見過認為自己無所不知的資淺同事，以及認為他什麼都不會、也不具備技術優勢無能革新公司做事方法的新老闆，但他都撐過來了。這一切當然讓人備感壓力，但長期來說，就是讓他變成強大且更成功的龜型人。

龜型人的忠誠

二〇〇六年二月十五日，紐約州羅徹斯特（Rochester, New York State），希臘雅典娜中學（Greece Athena）高中部的籃球校隊正在打賽季的最後一場球，他們的下場球員名單裡加了一個很特別的人。傑森・麥克艾溫（Jason McElwain）是球隊的學生代表總幹事，負責尋找設備與端茶送水。他身高約一百六十八公分，還有自閉症，從來就不曾下場打過球。隨著賽事進行，希臘雅典娜中學也拉開了比數大幅領先。在剩下四分十九秒時，教練吉姆・強森（Jim Johnson）把傑森叫上場。全場轟動，在剩下來的比賽中，他們大喊他的名字。然而，任誰都沒想到接下來發生的事。傑森接到球，前兩次嘗試投籃都沒進，之後，他的手感「火熱到像上了膛的槍一樣」，接著投進了三分球，而且不是一次，是六次，最後還投進了兩分球又拉高了分數。短短四分多鐘，他個人就得到二十分，是全場得分最高的球員。結束鈴聲響起，整個球隊都衝過去和傑森一起慶祝，場上的觀眾也一起湧到球場上。教練、隊友與同學展現的忠誠與愛心，變成一則傳遍全世界的新聞，也引起了小布希總統（President George W. Bush）的注意，並要求與傑森會面，最後他承認「他和很多人一樣，哭了」。

我很懂這種忠誠。我之前在運動管理機構做了十二年，後來又為安迪・墨瑞效命十餘年，我不期盼還有更好的事業發展了。當然，忠誠是雙向的，我這兩位長期的雇主也對我展現了如我對他們一般的忠誠。但願我有以做好工作來回報他們。我的忠誠在當時就已經給了我豐厚的報償，我也很願意認為在我之後的人生仍惠我良多。

全世界的團隊運動迷都講得出某個可稱為「俱樂部傳奇」的人物，這指的是在隊上度過職涯大部分時光的出色選手。巴塞隆納隊（Barcelona）的萊納爾・梅西（Lionel Messi）、利物浦隊（Liverpool FC）的史蒂芬・傑拉德（Steven Gerrard）、曼徹斯特聯隊（Manchester United）的瑞恩・吉格斯（Ryan Giggs）都是這等人，更別提美國國家足球聯盟（National Football League，簡稱ＮＦＬ）的丹恩・馬里諾（Dan Marino）和湯姆・布雷迪（Tom Brady）。

（二）熱情澎湃

有幹勁的人會強烈感受到自己的志業或使命，他們的熱情是這股幹勁的實際體現。當與你共事的人動力是來自於他們很愛自己所做的事，你可以感受得到。他們有活力，他們講話有自信，他們「胸中有一團火」。他們會讓你感受到他們說的每一句話是真的，還會讓你不由自主也都信了。

對我來說，拉丁裔美籍籃球教練吉姆．瓦爾瓦諾（Jim Valvano）正是熱情的化身。一九八三年全美大學體育協會（NCAA）錦標賽的最後一場賽事，瓦爾瓦諾的北卡羅萊納州立大學（NC State）校隊在終場前兩秒鐘拿下冠軍，來個逆轉勝。我在網路上找到一些他的演說，你可以自己去搜尋，這些演說很棒，值得一看。其中一則特別出色，那就是當他帶著極具感染力的熱情談他的父親以及他的座右銘「你，加上動機，就等於成功」。

二〇一九年的一段演說也讓我動容，這是巴西女子足球傳奇人物瑪塔（Marta）於她的球隊在世界盃（World Cup）中被法國踢走後的演說。這位三十三歲、曾經六度成為當年世界足球小姐（world player of the year）的女子站在足球場中，她連續在五屆世界盃中都有得分、但都沒能贏得最重要的賽事，她知道她的職業生涯時間已經到頭了。然而，當最後的哨聲響起，她沒有下台一鞠躬，反而選擇鼓舞年輕的球員，不只是她隊裡的那些，更對全國的選手喊話，她要他們跟上她這一代的腳步。「我們需要你的支持。人必須在開始時哭泣，才能在終點時歡笑。重點是想要的更多，重點是要做更多訓練，重點是要更加照顧自己，重點是要做好準備踢足九十分鐘，以及之後的加賽三十分鐘。」

看著這些激昂的演說，你很難想像低調的龜型人會有這樣的舉動，但是，你不一定要揚起聲音或揮動手臂才能傳達熱情。你可以用毅力、信念和精力來思考，這些正是龜型人贏得比賽必備的特質，只是以不同的形式傳達給外界。要在任何旅程（或比賽）中成功，都要靠這樣的熱情推動。不管是運動界、商業界還是你想有所成就的任何領域，不可少了熱情的態度。

（三）正面樂觀

我從和前輩明師以及高成就人士相處的經驗當中，學到了正面樂觀展望蘊藏的力量。「往好的那一面去想」是我們都很輕易就能說出口的話，而，說真的，當你身處絕境、沒有退路時，一個能看出情境中正面之處的強悍之人，確實能引發完全不同的效應。

正面樂觀與負面悲觀都有很強的感染力，就像野火一般，可以在整個團隊、部門或組織裡蔓延開來。拒絕對負面缺失發牢騷並以讓人信服的態度說出正面之處的人，必可領導任何團隊邁向成功。這裡的重點當然是「以讓人信服的態度說出來」。如果大家都不相信你，他們會認為你只不過是在否認壞的那一面而已。

如果我面對一位受傷的運動員，我可能會說：「我知道不能上場比賽讓你很失望，但這也讓我們有機會把這個部位鍛鍊的比以前更強壯，也讓你可以趁機稍微休息一下，為幾週後的非常重要的賽事做準備。這次受傷很可能是帶著偽裝的祝福！」這絕對會比「這真是太糟糕了」這種話來的好。

回到一九九一年，籃球選手魔術強生（Magic Johnson）當時正處於巔峰期，獨霸整個全美籃球協會（National Basketball Association，簡稱ＮＢＡ），他在被診斷出愛滋病毒陽性反應之後，開了一場記者會宣布退休。多數人認為，這就是他這個人和他的籃球事業終點。當時，愛滋病的預後不佳，確診幾乎就等於宣告死亡。但強生的看法不同。他對現場的記者說，他打算活很久，之後他說：「好笑的是，我會想到愛滋病這回事，就只有我一天吃兩次藥的時候。」有這麼樂觀的想法，難怪強生還真的回到球場上，在一九九二年的巴塞隆納奧運上替美國夢幻隊贏得金牌。如果我們在邁向成功的旅途上能抱持希望與正面樂觀，成功的潛力就掌握在自己的手上。

（四）慷慨大方

慷慨的重點是給予，但不一定是金錢，甚至也不一定是提供好建議。我在這裡要講的，是一種精神上的慷慨。成功的龜型人，要能在不求回報之下給予。

這可能不是最顯而易見的贏家特質，但是以無條件的善意去對待他人可以為你奠定正面的基礎，讓你擁有更有益的工作關係。我們常會認為永遠善待他人的人是受氣包、容易被控制且輕易就能被擺平的人，但是，善意和果斷並非互不相容的特質。先和他人培養出投契信任再來談業務，是非常高效的方法。就算你以比較強勢的語言來說，但透過你建構觀點的方式、你的語調和你的肢體語言，對方也不會覺得你是在對抗，因此比較可能接受你的想法。大聲咆哮的人有時候或許會因為威脅恫嚇而得到他們想要的，但這種操作方式很費力，營造出負面氣氛，在相同的環境下也不太可能經常重複出現。

看到運動員流露人性面，以實際的慷慨之舉對待比自己不幸的人，每一個人都會深受激勵。事實上，這類善舉很多，超乎我們所知。我就知道安迪·墨瑞贊助很多慈善事業和個人，遠遠超過他公開受到的讚揚。我想，像他這麼審慎又重隱私的人，還滿享受這種低調行善方式的。

演員基努李維（Keanu Reeves）也常顯露出他是成功的龜型人，讓我嘆服。雖然他坐擁可觀財富，但是他很自豪是好萊塢明星裡唯一沒有豪宅也沒請保鑣的人。據報導，他把從電影《駭客任務》（*The Matrix*）賺到的酬勞捐出七成，贈與治療白血病的醫院（和他相依為命的妹妹就得了這種病）。他的慷慨大方是以尊重、謙恭、感恩和欣賞為基礎：「我受到的教養，是要做到己所不欲、勿施於人，這叫尊重。」作家J. K. 羅琳（J. K. Rowling）是另一個範例，她也是龜型人，從不忘自身的價值觀以及成名之前生活所給的教訓。她在寫《哈利波特》系列小說時還是一個仰賴社會福利的單親媽媽，但她下定決心要讓自己的書問世，也因此成為身價上看十億英鎊的富翁。有一件事很能說明她的慷慨，她在二〇一一年時跌出十億英鎊身價排行榜之列，因為她捐贈一億英鎊給各項善業與她自己的慈善信託，捐出的金額約為她淨財富的百分之十六。

罕見成功的兔型人

我們現在已經了解為何忠心耿耿、熱情澎湃、正面樂觀和慷慨大方讓龜型人成為可敬的對手，但這些如何和充滿自信又勇於冒險的兔子型人相抗衡？

兔型人能跨越不同的階級快速竄升，最根本的能力是他們可以用比其他人更快的速度學習與適應，這和他們的高強度取向以及天性有關。兔型人採取的是無所顧忌的取向，這表示，他們前進與犯錯的速度都比別人快，從而比別人學得更快。兔子多半會埋首於自己所做的工作當中，他們也會因此快速累積知識。比較勤勉或比較沒這麼自滿的兔型人，只要有短短的時間都會拿來讀他們要讀的東西。他們會去找到任何能找到的專家並與對方聯繫，並且向身邊每一個人榨取資訊，整備自我，累積獲得認可的專業知識並養成態度，意欲要在所屬領域發光發熱。

當然，這種作法有缺點，要精通某個主題，一定要花時間下功夫。就算兔型人可以快速大量學習，但他們學到的知識必定會出現落差，更嚴重的是，他們應用知識的能力也會有落差。

你可能認為，像高強度、有幹勁、雄心勃勃這類兔型人的特質聽起來很吸引人，你可能會認為，天縱英才的人一定會自然而然敦促自己不斷進步，但，才華並不像我們過去認為的這麼簡單明瞭。現在已經不像以前，認為有些人天生就是能把事情做好的想法已經淡很多。這是古老的先天還是後天之爭，有很多證據指向後天也同樣重要，長期深入練習，再加上有適當的人導引，才是成就偉大的真正關鍵。

我們也看到，天分是一把雙面刃。有很多擁有天分的人，還沒做好準備，年紀輕輕就被推到鎂光燈下，不妥的生活方式選擇與不當的影響力會毀了他們成功的機會。當你天生就比競爭對手優秀，可以用比別人少很多的時間就在所屬的專業裡扶搖直上。另一方面，出眾的能力可能讓人自滿，你的成就之上堆疊出來的，會是糟糕的工作倫理和無關緊要的態度。

龜兔賽跑寓言裡的重要寓意，就是這兩類對手的價值觀衝突。我經常看到我身邊出現這些價值觀，尤其是那些剛踏上職涯、想要轉換跑道或是想要健身的人身上。健身和減重是很具體的目標，也適切地說明了兩種完全相反的達成目標方法。典型的兔型人減重法是「崩潰式減肥法」（crash-diet），完全改變自己的飲食，大降卡路里並瘋狂運動。

兔型人敢冒險

自信迷人又願意冒險，聽起來很有吸引力，是吧？你或許夢想成為下一個艾隆・馬斯克（Elon Musk），他是全世界最出名最成功的發明人與企業家，世人皆知他素來敢用各種專案冒高風險，他發揮了改變世界的影響力，但也嘗到了失敗的滋味。用他的話來說是：「如果有什麼事非常重要，你就一定要去做，就算你的勝算不大也無妨。」心裡懷著這種想法的馬斯克就和所有的兔型人一樣，偶爾也會失敗。發生這種情況時，通常都會是大失敗。然而，以他的淨財富一千零五十億美元來看，當他成功時也是大勝。這種冒險行動看起來像是天才的行為，但是一旦做出錯誤的決策，一夕之間，是不是天才就顯得不是那麼確定了。不計一切代價想要成功的渴望，通常會有反作用力，有時候兔型人可以不被沒有耐性和充滿野心打敗，進而爬到頂端，但，重要的是，有時候沒辦法。這是很不穩健的策略。

通常的結果是兔型人一開始確實可以減重，多半是因為水分流失，而不是達成實質的降低體脂肪目標。然而，兔型人這種調整習慣的作法本質上很速成，代表減重不可能長久。到頭來，兔子會復胖，更可能比原來更胖。兔子可能連續挨餓了幾個星期，但身體裡還留有多餘的熱量，等到節食結束之後又攝取更多。兔子不會長期去改變自己的體質、生活方式、和食物之間的關係，或者，說到底就是不會改變他們的核心行為。

在運動與營養界，一般公認最能持續的減重方法，是以每個星期為單位小幅調整你的飲食和生活方式。這樣做，你調整的是習慣以及你在心理上與所吃食物之間建立的關係。每個星期只少一點體重的人比較可能保持下去，因為他們已經改變了行為。當然，這樣做的額外益處是，與兔型人一星期減掉三公斤的方法相比之下，慢慢減也比較輕鬆。慢慢養成新習慣和從可長可久的立場來思考長期目標，這種烏龜式的技巧可以帶來持續終生的有益改變。所以說，用烏龜的方法來減重明顯比較好，那為什麼不是大家都這麼做呢？如果能回答這個問題，你就能理解為什麼有些人會變成兔子，為什麼整個社會鼓勵大家成為兔子，以及我寫本書的根本動機！

這裡要提到一個重點，那就是我們不應把兔子和失敗永遠連在一起；也有以驚人速度創造出成功的兔型人。想一想某個在公司或產業裡快速竄升的人，一路晉升到管理階層，快速位居要津。或者，某個創辦了極成功新創公司的人、最近極受歡迎的政治人物或《英國達人秀》（*Britain's Got Talent*）裡某個從默默無名到大大成功、巡迴演唱一票難求的超級巨星。顯然，兔型人也會成功。但他們極少有人能好好面對成功並維持下去，到最後終究會崩盤，化為烏有。

那麼，對於天生的兔型人來說，這項訊息當中有何意義？這種人注定要失敗，永遠無法實現夢想嗎？當然不是。兔型人要成功，需要有真正的抗性。他們要不然就要在自己的領域成為全世界一等一的好手，大家會因為這種人太寶貴不能放手而忍受他們，要不然，當他們最後遭遇慘敗時，要想辦法東山再起，重整旗鼓，大步邁向未來，毫無畏懼，一如往常自信。抗性是非常強大的生存技能，如果一個兔型人有夠強的抗性，或許就能守住正軌。但他們的勇於冒險與缺乏經驗，常常讓他們陷入有再大的膽量也無法捲土重來的局面。

耐性是成功的關鍵

急躁，就像為所欲為一樣，可以激發成果，但也可能代表錯過機會。很多人都很熟悉俗話說的皇天不負苦心人，一九七二年時，史丹佛大學（Stanford University）心理學家瓦爾特・米歇爾（Walter Mischel）做了一項非常有啟發性的研究，要看看我們可否相信小孩會遵循這樣的忠告。研究檢視遞延滿足（delayed gratification）的理論，用三到六歲的小孩來做對照。研究背後的概念很簡單：讓孩子們留在實驗室內，並對他們說他們可以選擇馬上拿到小獎賞（比方說，一顆棉花糖），或者，他們可以等一下，之後會拿到更多的獎賞（兩顆棉花糖）。一九九〇和二〇〇〇年代都有人做些後續研究，結果顯示，二〇〇〇年代的孩子可以比一九九〇年代的小孩多等一分鐘，比一九七〇年代的孩子多等兩分鐘。我們可以從兩個層面來想背後的理由。第一，現代的教養方式已經比較放鬆，讓孩子更能對自己負責，第二，現代人更有機會受教育，因此提升了認知能力。看起來，就算現代世界步伐快速，小孩也懂得耐心的益處。

如何辨識出兔型人

兔型人的行為有很多種不同的形式，結果也不相同。無論是在工作場合或是私人領域，你可以清楚辨識出以下四類明顯的兔型人：

自毀型兔型人

這種人具備天才的特質，但是心理不夠穩定，無法控制自己或環境。這類人是流星，最終會燃燒殆盡，屈服於他們的天分無法妥善因應的人生誘惑。這類兔型人最常見於音樂界和藝術界，多到「二十七俱樂部」（27 Club）變成了一種文化現象，專門用來指稱年紀輕輕即燒盡人生光芒、英年早逝的出色演員、音樂家或藝術家，他們都逝於二十七歲。

假性兔型人

各行各業都有假性兔型人。這些人會讓你以為他們是很有能力的人，但當你稍微一探究竟，就知道他們並不如你所想。這就像是跑車的外型之下掛著的是大眾車的引擎。他們以不符合實際經驗的程度過度膨脹自我。剛入門的人常會展現這種特質，這些對自己的能力很有信心，但不具備任何相關的知識也不求甚解。單純靠運氣或時機而得到財富或名氣、但同樣也沒有技能的人，也適用這一類；想想樂透得主以及實境電視節目的明星，或是毫無經驗、卻因為親友而得到大好機會的人。

衝擊型兔型人

這種人是被派來解除危機情境的空降部隊，實際上他們也有相關的資歷能力。這種人通常以堅毅冷酷且帶著個人魅力的姿態追求短期的勝利，比方說打贏選戰或是拯救企業，除了背後的金主，這些人不太在乎別人的想法。一旦神速達成目標，這些人通常不會在本來的位置上坐太久。

續航型兔型人

這是最正面的兔型人範例，這種人快速來到頂尖地位，然後設法留在這裡，這都要歸功於他們擁有引領產業的硬性技能，也有能力在失敗後復原，這在兔型人中是極為罕見的特質。在商業商務界不太可能找到成功的兔型人，這些領域機會較少，而且這些領域的經驗值有程度之分，經驗豐富會是其他人得以升遷的理由。

案例研究：完美急不來

葡萄酒這一行出現了激烈的競爭，一邊是傳統上永遠以高標準釀酒的國家與地區，對上的是全世界各個剛加入此一行列的新興地區。

素以釀造全球最優質葡萄酒而聞名的地區，例如法國的勃根第（Burgundy）、羅亞爾河谷（Loire Valley）和亞爾薩斯（Alsace）以及義大利的巴羅洛（Barolo）和維內托（Veneto），釀酒已有好幾百年的歷史，累積出來的知識都融入釀酒的流程，哪一種葡萄長得最好、在哪個地區最適合、哪一種土質加氣候能釀出口感最精緻的酒、酒釀出來之後要如何存放最好、又該放在哪裡，甚至是要用哪一種木材製的酒桶來放酒，這些問題都已經過幾百年的嘗試錯誤了。他們生產的每一種酒，都是手工釀造，從採收葡萄到裝瓶與裝上軟木塞，都是用人力。因此，他們生產出來的酒數量少於新進的競爭對手，但是他們用每年的收成盡力製成最佳的品質。

反之，葡萄酒新世界地區沒有經年累月的經驗可用，必須找到方法才能超越比較傳統的作法。在智利等國家，他們用上手邊所有能用的科技，包括衛星影像、天氣預測軟體、地質學科技、葡萄酒和橡木裝桶微氧化處理等等，希望能後來居上追趕舊世界的對手。他們投入重本，這些葡萄酒新世界地區每一公頃的生產成本高達一百萬英鎊。很多酒都在工廠釀造，製程中使用一些化學品，為的是要降低成本並加速製造流程。因為這樣，他們的產量就遠高於舊世界的釀酒商。但是他們在品質上付出哪些代價？這又真的很重要嗎？現實中，他們用到的科技很多很有效，很多新世界釀出的葡萄酒也很受歡迎，風味優雅。他們想辦法將適當的葡萄樹種在適當的地方，以正確的方法收成。但多數葡萄酒的專家認為，雖然新世界酒商釀造的葡萄酒很好，但罕見品質絕佳者。

一般認為，手工釀造葡萄酒的優雅與風格難以匹敵，實際上，要釀出絕佳的葡萄酒，你要盡量少去加工絕佳的葡萄。像自然和天氣這類因素，完全無法取巧。舊世界的龜型人釀酒商需要在葡萄園裡待上一輩子，把知識代代相傳，才會有信心盡量減少干涉製程。亞爾薩斯廷巴克酒莊（Trimbach）、釀出全球知名夏布利葡萄酒（Chablis）的路易米歇爾父子酒莊（Louis Michel & Fils）以及義大利的維耶蒂酒莊（Vietti），這些酒莊都看淡現代流行的製酒趨勢，沿用經過千錘百鍊的方法，他們的業務也持續蓬勃發展。

你內在的兔子

過度自信與自滿是《伊索寓言》的兔子的主要的特質。身為成功的龜型人，我可以說，我在人生中也多次表現出兔型人的行為。領悟到我們自己身上也有兔型人傾向是很重要的，當潛意識帶我們走上這條路時，要特別注意，這樣我們才能從經驗（無論正面或負面）中學習，了解自身的行動和態度對他人有何影響，並且自問：「這樣做最後可以帶來成功嗎？」某種程度上，我們每個人心裡都有一隻兔子。

在我很年輕擔任健身教練時，剛剛和較低階的國際青少年網球選手合作，那時我非常看重自己，超過應有的程度。當和我合作的球員取得資格，打進青少年溫布敦網球賽時，這一點更是明顯。等到球員進展到更高階段，我開始把自己的成就和經驗和他們的畫上等號，成就為我帶來的自我膨脹感，鼓舞了我要求活動主辦單位發給我「全區」通行證。在溫布敦，只有頂尖教練才可以進入練習場、餐廳和更衣區。當他們說我只能用門票進入外圍球場，不可進入或接近選手正在打重要比賽的區域，你可以想像我的自尊受到何等打擊。

我把整件事的重點放在我自己和我的自尊上，這兩者都非常需要約束。當你好高騖遠想一步登天，通常會發生的事就是被拒絕，然後用力把你拋回地球。雖然多年後這看來已經是小事了，但當時我真的很生氣，還把自己弄得像傻瓜一樣，去對任何願意聽我說的人抱怨。這個時候，我的所作所為就是很典型的假性兔型人。我不具備任何快速竄升的明星人物已經擁有的真材實料、技能或實際成就，卻相信自己有權領到獎賞。

另一個我展現兔型人作風的範例，可能有很多人都心有戚戚焉，那就是在我開車時。多數時候，坐上駕駛座的我比較像龜型人。我會謹慎小心慢慢開，我會為我犯的錯道歉，我會毫不遲疑讓道給任何想要超我車的駕駛人。但等到我碰上塞車就完了，尤其是在高速公路上塞車……這個時候，我內在的兔子就會跳到前面來。英國是右駕，所以靠路的左邊行駛。在高速公路上，通常也會預期除非要超車，不然都靠左行駛，還有，不可以從左方超車，要出交流道時也要靠左。這是非常單純的系統。

路上一塞車，龜型人自然而然會喃喃抱怨運氣不好，但還是會維持自己的車道，等著依序前進，但兔型人就不一樣了。兔型人要不然就直接衝到右邊的快車道，預期這邊的速度會快一點，要不然就開始在任何會移動的車道上切過來切過去，他們這些急躁拚命的嘗試，都是為了要超前。問題是，高速公路要從左邊下交流道，車流比較順暢的通常是左側的「慢」車道，而不是右側的快車道。為了求快切到右線的兔型人，就卡在快車道上。當然，兔型人切來切去的風格有時候會帶來獎賞。切換車道可超前，但會對身邊的其他人造成影響，整體來說，所有車道都會慢下來，拖慢了旁邊的其他人。有時候，你切來切去也無法超前。你左來右去從一個車道切到另一個，到頭來和你並肩的是一開始就開在你旁邊的車，這可讓旁邊的駕駛人樂開懷。就算知道這些，我很羞愧地自招，我有時候就是會切來切去。

兔型人不太在乎自己會對旁人造成什麼衝擊，他們顯然已經準備好用這種高壓的方式過日子。我們都知道，循序漸進的話大家都會更快到達目的地，如果能放輕鬆留在自己的車道排隊，不是更能忍受塞在車陣裡的時間嗎？每一個人都有一個基本「型」，無可避免的，我們有時候都會打回那個基本型裡，碰到壓力時尤其容易。雖然我可能會表現出奇怪（而且不討喜）的兔子傾向，但基本上我還是龜型人，形塑我的人生道路並導引我邁向成功的，是烏龜的心態。

雄心勃勃的烏龜

誠然，在步調快速的現代世界裡，我們一般會覺得如果想要在生命中有所成就，就需要高強度並強烈渴望能夠成功，才能超越同儕。但我的烏龜哲學主張，如果要達成目的，要走一條穩定、從而比較長的路。哪一種類型的人最迫切想要成功？是兔子還是烏龜？雖然程度不同，但每一個人都渴望成功。兔子有意願想贏，卻苦於沒有迫切感。兔子比較快，兔子假設自己會贏，因此根本不忙著擬出一套參賽策略。兔子每一次就只是出現，懷抱著指望然後隨心所為。

但烏龜迫切想要成功。雖然烏龜的行動很慢，但會全力以赴。烏龜十分渴望贏得比賽，從頭到尾堅守工作倫理。迫切和耐性這兩種特質感覺上格格不入，但其實都是龜型人基本工具組的一部分。

無論你的人生競技場在何處，都會有求勝的渴望和迫切感。對於極少數才華洋溢又傑出的兔型人來說，競爭一定會引發想要贏的渴望，他們還會想要證明自己幾乎毫不費力就能展現優越。另一方面，比較平凡、沒那麼耀眼的烏龜也想贏，但他知道自己必須比別人更努力、準備得更周全並以更高的強度應戰。

無論是兔子還是烏龜，只要是在體育場上競爭，沒有哪一種情境會比得分落後更讓人感到迫切。落後的人要對抗的是時間或是比賽的終結。每一種賽事的運動迷都會記得了不起的逆轉勝，也忘不了當劣勢方開始收復失地、積蓄出動能時自己感受到的激動。在二〇一二年萊德盃（Ryder Cup）高爾夫巡迴上就上演一場「梅迪納的奇蹟」（Miracle of Medinah；譯註：梅迪納指的是比賽的城市），歐洲隊原本以六比十落後美國隊，在最後一天卻以十四．五分比十三．五分逆轉局面。一九五七年，我支持的足球隊查爾頓競技隊（Charlton Athletic）在場上只有十人、在比賽時間僅剩三十分鐘時以一比五落後，他們苦苦追趕，終場以七比六打敗了哈德斯菲特鎮隊（Huddersfield Town）。二〇一七年，在第五十一屆超級盃上，湯姆．布雷迪率領新英格蘭愛國者隊（New England Patriots），第三節時還以二十八比三落後亞特蘭大獵鷹隊（Atlanta Falcons），最後卻以三十四比二十八取勝。這些運動員的態度，正好說明了迫切感夠強的話可以創造出哪些成果。面對幾無勝算的情境，看著沙漏計時器裡的沙逐漸清空，用迫切感十足的態度來面對，可以扭轉任何局面。烏龜可以打敗兔子。

有耐心的急切

有一個最好的例子可以說明迫切與耐性如何融合，那就是大家都知道的安迪．墨瑞髖部受傷後的復原歷程。英國國家廣播公司（BBC）的紀錄片《安迪墨瑞：重啟計畫》就讓觀眾看到這場艱辛刻苦的兩年復健旅程，以及他最後如何又回到網球界的頂尖世界。在這段期間，他經歷許多挫折，甚至想過乾脆退出網球界。我必須說，看著安迪在真心想要盡快重返比賽場的迫切感驅使之下，一個小時又一個小時捱過治療與復健訓練，是我和他合作期間最讓我印象深刻的時刻之一了（當然還有很多其他時刻）。在此同時，復原過程中有很多不同階段，比方說安迪就曾被告知他要休息好幾個月，連練習打網球都不可以，對於一個把網球看成是和生命一樣重要的人來說，真是致命的一擊。他別無選擇，只能在各方面都耐心以對。

為何烏龜贏得比賽？

- 龜型人忠心耿耿、熱情澎湃、正面樂觀且慷慨大方，這些特質讓他們成為重要、有幹勁且可敬的對手，也是最終的贏家。
- 兔型人是非常有自信、有魅力的人，他們可以應用大膽無畏的才華創造出短暫的燦爛，但是他們自鳴得意的策略通常會導致大敗。
- 兔子熱愛競爭，渴望勝利，但通常表現不好，烏龜也愛競爭，而且有必備的迫切感可贏得最終勝利。
- 比起更有才華的兔型人，龜型人更加有企圖心與幹勁，因為他們要更辛苦才能贏，需要投注更多的時間、心力和苦工。

CHAPTER 2

龜型人具備哪些特質

從很小開始，我們就敦促自己學走路、開口說話、閱讀、提筆寫字、學習、通過考試、在運動場上表現出色、看起來更好、感覺起來更好、聽起來更好並且求得勝利。我們還不理解社會的競爭本質，就已經投身競爭了。在許多方面，我們就和伊索的寓言故事一樣，都在參加某種比賽，都陷入我們必須快速行動、要不然就落後的想法當中。

但是，我們求勝的方法會讓局面大不相同。我假設，如果你正在讀本書，你應該就是龜型人，這樣說應該很合理。你很可能還沒成功，但一定可以成為成功的龜型人，比方說，在三十歲出頭時終於在所屬運動領域摘下冠軍，少年從軍終於成為總軍士長，成為具備四十年教學經驗而且什麼都見識過的學校校長。這就是龜型人的專注人生。兔型人很可能連讀到這裡都懶。

放眼未來，你會看見自己以後一定會成為成功的龜型人。你把你的一生都奉獻給了這一行，這樣的投入一定會帶來尊重和信任。你辛苦耕耘，你取得屬於你的地位，現在可以享受附帶而來的榮耀了。你一直堅守你的志業，這件事本身就是獎賞了。

龜型人比兔型人更常見，因此你必須努力才能有所成就。明白這一點之後，就像比賽中的烏龜一樣，你要慢慢往前邁進。這代表，你要接受你就是要一步一步來，但終究會前進。龜型人就算看著兔型人在前方跳躍，但還是要心無旁騖，一路上仍抱持著平衡且確定的觀點。

不管你是慈善團體志工還是金融業股票經紀人，同樣的規則每一行都適用。你選定的生活，是有目標、有挑戰且能穩步前進的人生。快不快不重要，前進才是重點。我們在前一章討論過四種定義龜型人的重要特質，現在我們要更深入檢視不同類型的龜型人，看看你能否辨識出自己是哪一種。

你是哪一種龜型人？

我們在上一章裡講過，兔型人不是只有一種，因此，當你知道龜型人也有類型之分時應該也不會訝異。來看看以下的龜型人類型。你可能會覺得自己很接近某一類，也可能是各種類型的混合。沒有哪一種比較好或比較差，在這個階段，重點是深思哪一種最能描述你，因為在本書稍後我們會用到這項資訊來幫助你琢磨你應具備的龜型人技能。

（一）高貴的英雄

重要特質

認真工作，埋首苦幹，不會大吹大擂自己的成就，不太在乎外人的認可。

長處

是低調且不以自我為中心的謙虛典範。

要注意之處

他們展現了堅毅，但低調很可能害他們被忽略而不受拔擢，或是晉升速度與他們具備的技能或創造的成就相比之下太慢，讓善於自我推銷的人搶走好處。這一群人得到的加薪和分紅少於應得的程度。雖然他們不太會抱怨，但如果長期被視而不見，這些高貴的英雄也會以行動表達，帶著榮譽與莊重，昂首闊步離去。

他們需要什麼

對這種龜型人來說，替願意將功勞歸給應得之人的主管效命，情況會好很多。要制定客觀的績效評量標準，讓他們獲得應得的認可。

（二）持久戰型的選手

重要特質

相信可靠、值得信任等特質，善於打持久戰，也明白經常換工作要付出的代價就是犧牲人際關係。他們通常是一份工作做到底，或者說，他們在事業上覺得很滿足，他們多半會比較看重個人目標，高於事業目標。

長處

他們選定一條路之後就會心甘情願堅持下去。他們可能一輩子都住在同一個城鎮、在同一家公司工作，甚至心滿意足做著同一份工作。他們不愛變化。

要注意之處

萬一在組織重組時必須要換工作或地點，迫使他們離開舒適區，他們可能會一成不變，甚至死守。升遷代表要承擔更多壓力，更沒有時間去過自己的生活，加薪的幅度也和更高的要求不相稱。

他們需要什麼

他們喜歡的是慣例，不斷變動是他們最大的噩夢。他們需要的主管是能鼓勵他們接受一定程度的變動，讓他們同意這是人生無可避免的挑戰。

案例研究：持久戰

運動界有一個歷經很多很多年才成功的絕佳範例，那就是哥倫比亞的舉重選手奧斯卡．菲格羅亞（Óscar Figueroa）。菲格羅亞是很有天分的少年，嚮往奧運的榮耀，他二十歲時就差一點拿下獎牌。後來，菲格羅亞開始和一位蠻橫的比利時教練合作，不斷逼他超越極限。四年後，在北京奧運上，菲格羅亞連把槓鈴從地板上舉起來都做不到。媒體和其他運動員指控他背叛了這項運動，不夠投入，但後來才知道根本不是這麼一回事，而是這位年輕的哥倫比亞選手出狀況了。

斷層掃描顯示他的頸椎椎間盤突出，需要進行高風險的手術將椎間盤推回去。菲格羅亞做了手術，回到賽場上，在二〇一二年倫敦奧運上拿下銀牌。但這對他來說還不夠，因為菲格羅亞相信自己能夠拿金牌。

但，在倫敦奧運之後，災難再度找上門來，醫師發現他還有兩個椎間盤突出，下背也有關節炎。他要動風險更高的手術，才能再次上場競技。到了這個階段，這位舉重選手已經有長達十五年都在將自己的體能推出極限。手術訂於二〇一六年一月，距離當年八月要舉行的里約奧運只剩七個月。要從嚴重的背傷復原、到可以舉起贏得金牌的重量，看來是不可能了。但菲格羅亞接受比過去更嚴格的訓練，再度把自己推出極致，終於在他第四次參與奧運時拿到夢寐已久的金牌，距離他第一次嘗試奪牌已有十二年之久。當他把槓鈴放下來，眼淚也奪眶而出。想到這些年的痛楚、辛苦訓練與克服重重的障礙，讓他在千百萬人前的舞台上潰堤。菲格羅亞脫下了他的運動鞋宣示退休，在有史以來最讓人激動之一的奧運勝利場上親吻了槓鈴。

（三）壓力剋星

重要特質

他們善於應付兔型人施加的壓力與自以為是，可以用冷靜從容的氣氛平衡混亂，可以化解情境中的壓力以繼續向前邁進，他們就是混亂與不確定性的緩衝。

長處

他們安靜，內心有自信。如果兔型人身邊沒有這類龜型人，多半很快就會失敗。

要注意之處

他們幾乎可以用鎮靜優雅化解兔型人拋過來的一切，接受兔型人以及他們行為本來就是這樣，毫不在意繼續前行，不會出言不遜或是生氣，但其他人看到這種龜型人可能會想：「為何他們受得了？我絕對不接受這種行為，我會向對方表達我的想法。」

他們需要什麼

能認同他們不願起衝突本質的主管，讓他們以比較隱性的力量保有尊嚴。

案例研究：從後方領導

以我來說，最著名的壓力剋星範例之一，是彼得．泰勒（Peter Taylor），他是傳奇的足球隊領隊布萊恩．克拉夫（Brian Clough）手下的領隊助理，這兩人組成英國足球界有史以來最知名且最成功之一的教練搭檔，兩人南轅北轍的個性，正好凸顯了壓力剋星型的龜型人。

布萊恩．克拉夫是直言不諱、自以為是、不同凡響的人（是典型的兔型人），擁有天才的特質，他調教的球員都能展現出最佳的表現。在他身邊的是莊重自持、輕聲細語而且不愛面對鏡頭的彼得．泰勒，他的主要職責是找到有才華的球員並培養他們進入球隊。克拉夫就承認：「只有彼得敢壓住我的肩，直接了當、以兄弟對兄弟的態度對我說我做錯了、做對了、叫我閉嘴或是要我繼續去做我的事。」對照克拉夫陽剛的一面，泰勒是陰柔的這一面。要能成功扮演這個角色，需要具備顯然不同於他那位難解同事的優勢和價值觀。

他們這個充滿活力的雙人組，帶領本來在乙組聯賽（Second Division）裡欲振乏力的德比郡足球隊（Derby County）和諾丁罕森林隊（Nottingham

Forest），搖身一變成為甲組聯賽（First Division）的冠軍。如此非凡的成就一次就很了不起，更別說兩次了。除此之外，他們督軍的諾丁罕森林隊，也在一九七九年和一九八〇年連續兩屆贏得歐洲盃（European Cup）決賽，這堪稱足球史上最了不起的教練成就之一。很明顯的是，當這兩人分道揚鑣，就和成功沾不上邊了，更悲慘的是，兩人最後也走到了事業的終點。他們的關係凸顯了團隊中的兔型人和龜型人需要平衡，以及，壓力剋星在高效夥伴關係中可以發揮很強大的力量。

（四）團隊隊長

重要特質

他們能發揮高效的調解技能，將大家團結起來，也因此成為很好的團隊領導者。他們可以接納不同的人，在不同的情況下會有不同的意見，並導引眾人融合在一起。不管是多難纏的人物，他們幾乎都可以和對方好好相處，他們會去看別人身上的優點，把重點放在這裡。

長處

他們能讓大家團結在一起，因此常被人稱為「黏膠」。他們非常慷慨大方，非常忠心，低調謙虛也少以自我為中心，更能堅持自己要做的事，在群體中營造平衡均衡，看到每個人的好處。

要注意之處

他們的立場可能很孤獨，因為少有人願意接下管理兩個兔型人或一龜一兔這類不太友善的情境、並在適當的層級調解以解決問題。

他們需要什麼

他們希望被視為能和大家相處融洽、花時間化解問題與籌辦社交聚會的團隊成員。他們也需要主管認可他們和所有人關係都良好，而且能解釋團隊的立場。

案例研究：和團隊心手相連

吉兒．伊莉絲（Jill Ellis）一九六六年出生於英格蘭，英格蘭足球隊也剛好在那一年拿下世界盃冠軍；她長大成人之後，成為足球史上最成功的教練之一。她的父親曾是英國皇家海軍陸戰隊員，後來成為英國政府的足球大使，教導各種年齡層與技術水準的足球員，伊莉絲則帶著敬畏在邊線上看著父親。這一家人在一九八〇年代初期移居美國，當時女子足球正蓬勃，她也從看球變成了踢球，贏得全美三隊（third-team All-American）的榮譽，這是授予傑出業餘球員的光榮稱號。然而，真正讓她成為鎂光燈焦點的，是她擔任教練教球的熱情。

她從父親身上學到很重要的一件事，是他和球員建立關係的能力。伊莉絲後來成為非常成功的美國大學足球隊教練，從二〇〇三年到二〇〇九年贏得七屆國家大學體育協會女子足球錦標賽（NCAA Women's College Cup），並連續六年拿下太平洋十校聯盟（Pacific-10 Conference）榮銜。然而，伊莉絲最近擔任美國女子國家代表隊教練的表現，更讓全世界打起精神注意看。她接下任務短短一年多，就領導球隊在二〇一五年的世界盃中奪冠，決賽中以五比二氣走日本。

她的耀眼不僅因為她的隊伍得勝，更是因為她一直以來都可以管好強勢的人和棘手的狀況。她有勇氣在贏得世界盃後徹底改造整個球隊，將十一位新球員帶入球隊，踢走好幾位正規球員，二〇一七年時，幾位資深球員策畫要讓她被開除，她也撐過了這場意外打擊。還有，在為二〇一九年世界盃備戰時，她的球員對美國足球聯盟（US Soccer Federation）提起訴訟，要爭取與男性球員同酬。後續沸沸揚揚的媒體報導，在任何時候都足以讓任何球隊分心，更別說是他們當時正在重要的備戰期，努力要保住本項運動中最重要的冠軍名號。然而，在伊莉絲掌舵之下，這件事沒有讓球隊分心或分化，反而激勵了他們。他們在巡迴賽裡過關斬將，又一次，一場比賽都沒輸。一般都認為，這支球隊之間的緊密關係，是他們成功的主因。

成為球隊尋求力量與建議的中心人物，容許強悍的人在更衣室裡做回自己，同時引進年輕新球員並好好培養，真正證明了伊莉絲是團隊領導者。

（五）穩重磐石

重要特質

這種人做事穩健，一直都非常努力，多半不太傑出，通常很受歡迎，是很善於團隊合作的人，能讓主管滿意但又不至於「讓人跌破眼鏡」。

長處

他們是到目前為止最常見的龜型人，在同一個產業甚至是同一個組織裡慢慢往上爬，展現了極高度的堅毅和持續的努力。

要注意之處

這些人給別人的印象通常都是很低調，因此，如果不特別留意他們隨著時間進步、跟上發展情形並隨著帶動變革的同事調整自己，很可能就把他們拋諸腦後，只看到比較讓人印象深刻（但很容易激動）的兔型人。

他們需要什麼

鼓勵他們多往前布局兩、三步的人。他們要能發揮效果，必須精準預測產業走向，並據此預做準備。

案例研究：團隊合作者

伯特・楚特曼（Bert Trautmann）一九二三年生於德國，他和很多同儕一樣，小時候就加入希特勒青年團（Hitler Youth），後來在二戰期間參與了蘇德戰爭（Eastern Front），贏得五枚軍功獎章，包括鐵十字勳章（Iron Cross）。楚特曼後來被英軍俘虜，戰爭結束時，他選擇在英國住下，開始在英國加入蘭開夏（Lancashire）當地的足球隊聖海倫斯鎮隊（St Helens Town），擔任守門員的位置，成為一位可靠的隊友。他後來成為非常傑出的守門員，一九四九年時，被簽進曼徹斯特城市隊（Manchester City）。雖然英國人民一開始表示抗議，但楚特曼再度證明了自己的價值，為球隊打了五百四十五場比賽。

然而，楚特曼在足球史上的名氣，也不完全是因為這一點，他會有名，主要是來自於他在一九五六年英格蘭足總盃（FA Cup）決賽中對上伯明罕市隊（Birmingham City）的表現。比賽還剩十七分鐘結束，他的球隊以三比一領先，他和伯明罕城市隊的一名球員發生危險的碰撞，頸部嚴重受傷。他無視疼痛，堅守在球場上直到最後的哨聲響起，至少為球隊救下贏得比賽的兩球，其中一次救球時還二度被擊中。雖然他的頭已經不能動，他還是參加了賽後慶功宴。三天後，X光顯示他的脖子已經扭斷。如果說，他還不算是可靠、堅定的團隊合作者好典範，我就不知道還有誰是了。

接納你的真實天性

到了現在，你可能開始認出我口中的龜型人和你在生活中的行為模式有些相像之處了，但你可能也在想，你一開始做了什麼才會變成這樣，以及你的內在兔子性格在你的人生中又有多少分量。

雖然環境或情境會影響行為，帶出不同的人格特質，但我相信，整體而言，人基本上都會呈現一種主要的類型，在人生的過程中，我們會一直偏向某一種方法並藉此創造出成果。

在第一部結尾，你要做一項龜型人測驗，以判定你的龜型人成分有多高，你又需要加強哪些領域，以利你在事業上和生活上獲得你想要的成就。但，在你自我檢測之前，現在我們最重要的是要了解你的真實天性。我們可以檢視幾個關鍵領域，讓我們更清楚知道自己是怎麼樣的一個人。

人格特質顯然非常重要，大大影響我們是怎樣一個人以及我們如何過生活。當我們在想什麼樣的人比較像兔型人時，可能想到的是比較外向的人會展現比較多的兔子型特質，而內向的人則比較像龜型人。你也會想到兔型人會大聲嚷嚷、自以為是而且信心滿滿，龜型人比較安靜、自持且謙虛。

接下來要看的則是出身背景。父母的教養如果是獎勵冒險，容許孩子有表達的自由、果斷甚至積極進取，影響所致可能會讓孩子成為兔型人。然後是一個人有多少兄弟姊妹，出生序是老大、中間還是最小的？他們在關注順序上排在哪裡？

這些因素都會讓孩子去對抗、去推進，希望別人看到、聽到自己。反之，習慣不受重視的人可能會選擇保持沉默。成長過程中的逆境向來是高成就者的主題，一方面，逆境能讓人擁有非比尋常的幹勁和高遠的企圖心，因而成為兔型人，另一方面，這也可能讓人擁有鋼鐵般的決心，用龜型人的方法堅守一條路。

過去的經驗大大影響人建構成年後的行事態度。如果你年輕時就是強勢、果斷甚至大膽冒險的人，但是總是因此受到懲罰，後來你可能會發展出不同的做事風格。然而，人唯有強化早期的行為模式，才能找到自己的路成為成功的人。同樣的，如果安靜沉默或低調待在背景環境中是你的舒適區，你可能會覺得這是最好的地方，並強化這樣的行為。

最後，環境也可能會強力影響一個人。小時候生長在艱困的環境中，少有金錢和資源，可能會在一個人身上塑造出兔型人的鬥爭性或龜型人的堅毅。在舒適的環境下成長可能會培養出兔型人的為所欲為，也可能是龜型人的不願衝突。

有些職場環境會鼓勵自以為是的果斷、自大和競爭，比方說交易部門、政治圈和演藝界，有些產業則比較適合有耐性、值得信任和可靠等特質，例如醫療保健、公職或是旅宿業。

如果我們找到自己的來處以及影響到我們行為和人格的力量，就可以將這些資訊化為優勢，創造出與真實本性相襯的成功。

案例研究：天生鬥士

想要找到激發人心的範例，看看環境如何形塑人的觀點與行為，就要把眼光投向格鬥搏擊運動。幾乎每一位成功的格鬥搏擊選手背後都有必須克服的辛酸，最後他們才能在這個領域發光發熱。

這方面有一個範例最能啟發我，那就是綜合格鬥選手與女子終極格鬥錦標賽草量級（UFC Women's Strawweight）的冠軍蘿絲．娜瑪尤納斯（Rose Namajunas），人稱「暴徒蘿絲」（Thug Rose）。她在威斯康辛密爾瓦基（Milwaukee, Wisconsin）一處很艱困的環境下成長，是第一代美國人。她的父母是立陶宛人，父親飽受精神分裂症折磨，過世時她才十六歲，正是易感的年齡。娜瑪尤納斯不僅要面對在困境下生活的日常衝突，她也說她很小的時候就遭受性虐待，即便在自己家裡都覺得不安全、不自在。

她五歲時就喜歡上跆拳道，高中時很快就推進到其他武術，最後成為綜合格鬥選手，在終極格鬥錦標賽裡拚搏。

娜瑪尤納斯最驚人的知名賽事之一，是她在二〇一七年以弱勢一方之姿出戰波蘭對手喬安娜．言潔伊琪克（Joanna Jędrzejczyk），爭奪冠軍頭銜。比賽前早已煙硝味濃厚，她的對手在賽前的記者會中展現極強的攻擊性，提到娜瑪尤納斯的成長背景以及因此導致她要和心理問題奮戰。在整個過程中，這位說起話來輕聲細語的美國選手一直維持著平靜與尊嚴，就連她以堅定的目光誦唸主禱文時臉色都沒變，哪管言潔伊琪克的實質和言語挑釁。格鬥開始，娜瑪尤納斯表現絕佳，第一輪就撂倒了波蘭人對手，創下綜合格鬥史上一次最精采的擊倒。兩位選手的舉止讓這場比賽看起來像是聖經的教誨：善良最終戰勝邪惡。

在賽後的訪問中，娜瑪尤納斯總結了她的感受與價值觀，以她人生經歷過的種種以及格鬥前的恩怨情仇來說，更是難得：「我只希望能善用我的格鬥天分，讓這個世界變得更美好……這條腰帶可不是隨便的東西。做個好人，這（指腰帶）是額外的，這很棒，但且讓我們擁抱彼此，好好相待。我知道我們是在格鬥，但這是娛樂，結束後就什麼都不是。」這些話在網路上快速流傳，再加上她的勝利，讓娜瑪尤納斯成為國際級明星。現在她善用她的平台，要在全球喚起世人對心理健康議題的關注。

設定你自己的人生目標

你要先知道你想要什麼，你才能從人生中得到你想要的。拿別人來和自己比、和同儕相爭以及試著「跟上別人」等等都是經常被貼上負面標籤的概念，但不一定要這樣。你只要知道你想要什麼就好了。沒錯，如果你把這些東西當成目的，苦苦追求，你很可能得不到滿足。一定有人比你好、比你幸福、賺的錢比你多、開的車比你好、度假方式比你更美妙。如果你說「我的目標是要賺得人生的第一個一百萬」，就會比「我想要賺的比隊友更多」來得好。如果隊友加了薪或升了職，這是好事，應該可以刺激你更努力，好讓你也可以升遷。不管是對個人、對團隊或對整個企業來說，競爭都是好事，但，我們要做的是善用競爭幫助我們達成目標，而不是陷入競爭。

我從不曾忘記在西班牙瑪貝拉市（Marbella, Spain）巴努斯港（Puerto Banús）碼頭附近散步的經驗，天空湛藍，水光粼粼，輕輕拍打著岸邊的建築物，我帶著豔羨的目光看著一名坐在自家美麗遊艇上的富人，對方則也回看注視著他的人。就在此時，另一艘更大型、更昂貴的遊艇掉頭進港，就停在他旁邊。此人臉上的表情道盡了一切，他很快就躲進船艙裡，消失不見。

我很確定，每個人在人生某個時刻都會有相同的感受。擁有大船停泊在美麗港口的人都擁有一定程度的財富，可以滿足多數人的渴望，這是很公平的假設。但是，當更大的船在旁邊停下來時，忽然之間，這些好像就不夠了。如果你衡量成功的標準是和別人比較，那你怎麼有可能會滿足？

在這個顯然躲不掉社交媒體的世界裡，比來比去變得愈來愈危險。社交媒體常有的操作，是投射出某個代表人生完美的形象，這很容易讓人覺得，唯有靠著累積物質財富才能擁有真正的幸福。對於陷入這個黏著力強網絡中的人來說，最終希望達成的目的就是有名和有錢。我們通常看不到的，是達成這些目標背後要付出多少的犧牲和努力。社交媒體不會顯露這一路上無趣乏味但必要的辛苦。

很重要的是，在思考自己想要的是什麼時，你一開始就要設定正確的目標，不要管別人的表現如何，只把他人的成就當成激勵因素，讓你有動力去追尋自己的目標。蘋果（Apple）態度推出 iPhone 之後，一時之間每一家頂尖的科技公司必須馬上提高標準，開發出相似的產品，能做到更出色更好，同樣的，你也可以借用其他人的幹勁和精力來拉抬自己。

當一項運動裡有羅傑・費德勒（Roger Federer）、拉斐爾・納達爾（Rafael Nadal）或瑟琳娜・威廉絲（Serena Williams）這種狠角色獨霸一方時，記者通常都會問其他選手是否希望自己生在不同的時代，那就不用對上這些人了。會問這樣的問題當然期待得到「對啊」的回答，但職業選手的答案永遠都是「不會」。少了這些立下高標準的人，其他選手就無法達到目前展現的水準。費德勒、納達爾和威廉絲讓所有其他人也變成更出色的球員。

龜型人具備哪些特質？

- 龜型人是你的基本特質，代表你的行事作風裡會有很高度的忠心耿耿、正面樂觀、熱情澎湃和慷慨大方，你本來就是這樣的人。
- 和兔型人不同的是，你能接受快不快不重要，前進就是前進了。
- 你不會大吹大擂自己的成就。
- 你在工作上與生活中都信奉可靠、值得信任與打持久戰等原則。
- 你會透過冷靜自信來展現內在力量。
- 你會看到別人身上的優點，你通常也是讓大家團結在一起的力量。
- 你準備好要在公司或產業裡慢慢往上爬，展現了高度的毅力，而且一直都很努力。

CHAPTER
3

如何成為贏得比賽的龜型人

我們已經看過為何龜型人能贏得比賽，以及是哪些特質定義了龜型人及其行事風格。但你是否具備適當的龜型人綜合價值觀？你是否擁有必要的條件，讓你能在選定的專業中成功？

在本章中，我們要探討八種龜型人價值觀，我相信這是每一位龜型人都具備的特質。如果我們想要提高在人生中獲勝的機率，就要展現出這些特質，並好好培養，成為我們達成目標方法中強而有力的面向。

（一）耐心

如果你必須辛苦工作，把家人親友放在一邊，犧牲自己的社交生活並一次又一次忍過可能的失敗，你能堅持一年嗎？五年呢？十年呢？你想要的成功，你追逐的夢想，很可能就要花這麼多時間才能達成。你能等嗎？

在講求要快速享樂與即時獲得資訊的現代，我們都變得很沒有耐性。我們期待現在就得到最新的消息，線上購物明天就能送到，一覺睡起來就成功了。然而，如果要說有什麼事情是代代不變的，對大多數成功的人來說，那就是他們要辛辛苦苦並花費時間才能有所成就。每有一位快速致富、身價以數十億美元計的新創事業創業家，背後就有幾百萬提出絕妙構想、但要等上許多年才能看到自己的辛勞開花結果的商界人士。

以耐心面對特定任務和目標

在《伊索寓言》的龜兔賽跑故事裡，有一大部分時候烏龜需要以耐心面對任務。烏龜不知道自己落後多少，也很甘心面對被打敗，但不管怎樣，烏龜還是很有耐心，堅持去做一件事，並貫徹始終，也因此獲得公平的獎賞！

以耐心面對自我

要能以耐心面對自我，需要更高度的控制力和經常的練習。我們通常在無法成功時譴責自己，因為這個世界說應該要這麼做。你沒有辦法馬上培養新技能或即刻突破新局面，你要讓過程慢慢演進，不要自責。讓自己有時間達成目標，要不然的話，你將會踏上一段讓人不安的旅程，並且過著空虛的人生。

（二）堅持

你是否曾經開始做一件事，遭遇挫折後很快就退卻，直到後來才發現，如果當初堅持下去，你是可以成功的？龜兔賽跑裡的烏龜就和所有成功人士一樣，心理韌性都很強。要處於這種心理狀態有一項重要因素，那就是堅持。

克服失敗

身為七項全能運動員的凱特琳娜・強森—湯普森（Katarina Johnson-Thompson），必須精通七項不同的運動，讓身體的各個部位承受各式各樣的壓力。她背負著期待，要參加一百公尺障礙賽和兩百公尺短跑、要擲標槍、要跳高、要跑八百公尺、要丟鉛球，還要跳遠。七項全能運動員的生活重點，是要在每一項運動上逐步進步，不斷提升自己的最佳狀態，要為每一項競賽維持體能，還要克服運動傷害帶來的挫折。

二〇〇九年贏得世界盃青年錦標賽（World Youth Championships）的金牌之後，強森—湯普森因為俗稱「跳躍膝」的髕腱發炎而錯過二〇一〇年的賽季，潔西卡・恩妮絲（Jessica Ennis）在排名上急起直追，超越了強森—湯普森（恩妮絲也是二〇一二年倫敦奧運的月曆女郎）；在二〇一二年這場於英國家鄉舉辦的賽事中，十九歲的強森－湯普森在激烈的賽場上排名第十三。二〇一五年，她參加北京的世界盃錦標賽，第一天比完之後她是第二名，僅次於潔西卡・恩妮絲，但最後在三次跳遠試跳犯規之後，以第二十八名完賽。強森—湯普森相信自己，並決心克服先前的失敗，後來在二〇一九年世界盃錦標賽中贏得七項全能金牌，以六九八一分打破了英國的紀錄，也讓她在七項全能運動的歷史排行榜上排名第六名。

堅持樂於遭逢挑戰

我們替自己設定任務，過程中必會遭遇了我們知道必須通過的障礙，此時就是堅持發揮作用的著力點。我們會找到繼續做下去的決心，我們會告訴自己撐過這麼艱難的局面將會帶來更大的喜悅。

堅持決不退縮

所有盡責的父母都會堅持自己的任務，不管遭遇什麼挫折、高潮還是低潮、健康還是疾病以及日常生活中的種種壓力，都要教養小孩讓他們成為最好的自己。不管做什麼工作，每一個人都會有某幾天、某幾週、某幾個月、某幾季很難熬，但他們不會退縮，他們下定決心明天又回到崗位上，試著做到更好。他們不斷失敗，但仍堅持下去，直到成功為止。不管做什麼，少了堅持，就注定失敗。

（三）看得長遠

你能不能想到，你在哪一項活動或哪一個目標上打過持久戰？你有堅持做下去嗎？你相信自己會成功嗎？我很喜歡聽菁英運動員在艱苦得勝之後的談話，講述他們如何從落後的局面追趕，贏得分數創造勝利。他們的心情永遠都讓人著迷。他們會講到信任自己的戰術和能力，知道這些因素終將確保自己能得勝。我認為這很讓人佩服，當他們在眾目睽睽之下又陷入極大的壓力，當下還能保有這種洞察力，還能冷靜沉著。

二〇一六年十一月，安迪．墨瑞成為世界排名第一的網球選手。這項成就本身就很了不起，但背後的統計數據更大聲說出了堅持是讓他得以成功的最重要核心因素。二十九歲的安迪，是初次成為世界球王的選手當中第二高齡者，僅次於一九七四年時的三十歲球王約翰．紐康姆（John Newcombe）。墨瑞也是歷經最長時間才從第一次成為第二名到第一次成為第一名的紀錄保持人，晉級之路總共花了他七年。他有七次結算時都在世界排名第二止步，在這麼長的時間裡看著第一名的寶座，可望卻不可得，歷史上只有兩位選手跟他打平。如果從安迪．墨瑞參賽的時代背景來看，當時和他同級的選手有費德勒（在我寫這本書時，他拿過二十次的大滿貫冠軍和十一次的亞軍）、拿過二十次大滿貫冠軍和八次亞軍的納達爾，以及拿過十七次大滿貫冠軍和十次亞軍的諾瓦克．喬科維奇（Novak

Djokovic），光用堅持二字還不足以說盡其中甘苦。安迪拿下了世界排名第一的比賽，是和前世界球王喬科維奇對戰，這可謂恰如其分。那是當季最後一場比賽；七個月前，安迪的世界排名積分還落後塞爾維亞籍的對手喬科維奇八七二五分。這裡要說明一下，如果在大滿貫賽事中贏得勝利，可以加二千分，這也就是說，從二〇一六年四月到十一月之間，安迪可是拚了命在追分數。

安迪每天一心一意要成為最好的自己，這表示等他一有機會，他就會緊抓不放。有太多和他處境相同的網球選手不相信自己可以走到最後一步，很多人從此再無信念，也沒有動機要多努力一點。由於他走過的每一步，安迪得到的成果品嘗起來更加甜美。

看長遠打的是持久戰

無論是什麼情況，培養出能看到長遠的洞察力都是很難精通的技能。當情勢嚴重惡化，從長期觀點來思考就很重要，這樣你才能保有動機，並幫助你把失敗想成是一時的挫折，而不是這條路的盡頭。就算情況很順利，看長遠也很重要，這樣才能避免沾沾自喜。

懷抱願景

一級方程式（Formula One）賽車的世界裡，沒有誰的故事像奧地利賽車手尼基．勞達（Niki Lauda）那樣不同凡響。一九七六年，勞達以世界冠軍車手的身分揭開了賽季。他的能力當時正處於頂峰，希望能再拿下一次世界冠軍，替前一年的好成績錦上添花。然而，在八月初的德國大賽中，勞達出了嚴重的車禍，這位二十七歲的車手的車子燒了起來，而且他人還在車子裡。他的臉部嚴重燒傷，失去了大部分的右耳，他也因為賽車撞毀時吸入太多有毒煙霧和氣體而中毒。勞達在賽後陷入昏迷，預後堪慮。賽車世界焦急等待，想知道這位冠軍會怎麼樣。不可思議的是，勞達撐過這場可怕的車禍，意外過後短短幾星期內又回到了賽車裡，九月時在義大利大賽中現身。旁人只能想像，是怎樣強悍的心理才能讓他這麼快又回來賽車，更別提這位車手遭遇如此嚴重燒傷的生理痛苦，要修復受損遭創傷的身體以再度承受極不舒服的賽車，需要經歷怎樣的嚴苛考驗。他在一九七六年賽季僅錯過了幾場比賽，只比英國的對手詹姆士．杭特（James Hunt）少一分，因此讓出冠軍頭銜。勞達又繼續跑了九年，表現出色，贏得兩屆一級方程式冠軍，還有更重要的是，贏得整個賽車界的尊重與欽佩。無論面對的挑戰多困難，憑著夠強大的心靈、決心和願景，勞達證明了你可以控制能控制的因素，並扭轉任何情境。

我會在大勝或大敗之後馬上躲進更衣室。不管是哪一種，對話很快就換轉移到展望未來。說到底，要打持久戰代表你必須要有遠見，去看到你想要達成的目標，不管短期成果如何，都不要偏移。不管發生什麼事都不要停下來，妨礙你實現你的願景！

（四）堅毅

你在旅程中遭遇過什麼樣的挫折？你能否克服逆境？你從這次的挑戰中對自己有什麼新發現？我們最喜歡的英雄特質，莫過於堅毅這種古老美德。這在今天可能聽起來有點老派，但對我來說，這一詞捕捉了我們長久以來都欽佩的膽量、自立自強與韌性。

當堅毅碰上逆境

任何值得踏上的旅程，要追尋任何事業發展、夢想、關係或是目標，都會面臨逆境。烏龜在比賽中嚴重落後，便遭遇了逆境。但也就是在這些時候，當你無論如何都繼續努力不斷前進，不去管自己有多少勝算，你也會找到真實的自己。

堅毅累積出成就

堅毅代表你有勇氣堅持信念也很確定自己的目標，特別是在面對逆境時，而且你也有無可動搖的意志力，就算在最黑暗的時候，也想著要成功。聚焦在堅毅上，你能培養出一種力量，把你變成最終能夠達成所有你想達成目標的那種人。

克服逆境

美國衝浪選手貝瑟妮．漢蜜爾頓（Bethany Hamilton）九歲時就和衝浪服飾企業理普科爾公司（Rip Curl）簽下贊助，十三歲時她就在二〇〇三年的全美校際衝浪協會（National Scholastic Surfing Association，簡稱ＮＳＳＡ）錦標賽中拿到第二名。但漢蜜爾頓很清楚什麼叫逆境。當年稍後，她出去衝浪時被一頭虎鯊攻擊，咬掉她肩膀以下的左臂。你可以想像，歷經如此創痛的事件，她體驗到的是怎樣的痛楚與情緒上的苦惱。但這並沒有阻止她，她顯然並沒有被嚇倒，出事之後僅僅過了一個月，她又回到水裡。

在接下來這一年，她再度參加全美校際衝浪協會錦標賽，還贏得年度最佳東山再起卓越運動員獎（ESPY Award for Best Comeback Athlete）。漢蜜爾頓自學如何用一隻手划水滑得更用力，雙腳踢水踢得更用力。她用與其他衝浪選手不同的戰術，在對的時間掌握到浪頭，甚至在衝浪板上裝了把手。她的故事非常激勵人心，二〇一一年上演的電影《靈魂衝浪手》（*Soul Surfer*），主角就是她。

二〇一五年，她在生下第一個孩子三個月後，就去參加另一項專業衝浪比賽。你可以想像得到，她的態度甚至比她的衝浪技巧更讓人讚嘆。接受訪問時，她說她不想被認定為殘障選手，也不想被歸類為女性選手，她只想像其他專業衝浪選手一樣，是貨真價實的運動員。

（五）決意

你在追尋目標時會決意要做到卓越出眾嗎？你是否已經做好準備，要在今天做出必要的犧牲以便成為最好的自己？決意和努力並不相同，區分開來很重要；對我來說，前者是看到一個人願意毫不遲疑做出犧牲，完全不去想「我要放棄什麼？」有可能是為了適合的工作搬家、週末時參加大型研討會或與工作相關的社交場合，或是在你度假時參與重要的視訊會議。

已故的科比．布萊恩（Kobe Bryant）拿過五次 NBA 冠軍，參加過十八次美國夢幻明星籃球隊，他說過：「身為人，我們必須做選擇。如果你希望在某方面很出色，你必須做選擇。我們都可以成為自己從事行業的大師，但你必須做選擇。我這話的意思是，要做到這一點本來就要犧牲很多，比方說天倫之樂的時光、和朋友聚首的機會、成為別人的好朋友、成為別人的好兒子、成為別人的好姪兒，要放棄什麼要看情形而定。做出決定的時候就附帶了這些犧牲。」布萊恩講的承諾不是生理上的要付出多少努力，而是你在生活中要放棄什麼。這些犧牲對你、你當時的家人以及朋友來說可能很難熬，但可以幫助你進一步往上爬，穩定但肯定地前進。在你之前很多人已經做過，你的競爭對手可能也正在做，那你是否已經準備好決意投入？

任何人若無法達成目標、沒有找到正確的路徑或在人生中來到停滯不前的高原區，都會發現在他們的計畫或工作中，某種程度上至少有一個面向或領域，可以再多投入一點以利達成目標。這個不斷再推進一點並向外尋找新機會的過程，就是帶領我們達成目標的驅動力量。

決意代表要付出所有

為了達成目標必須投入的程度是絕對的，少了哪怕是一丁點，就不太可能達成目標。

我二十歲出頭時，事業來到一個停滯的局面。當時我在一家體能網球中心擔任低階工作，我覺得整個人卡住了，想要升級，唯一的方法就是堅心投入更多，去找到全世界最出色的球員、體能教練和運動員，並向他們學習。

決意會改變人生

當我決定移居澳洲，我寫信給澳洲每一家運動機構、州立與國立的網球中心，替自己找到一個我很需要的機會。我寫給某些單位很多次，直到得到回應才罷休。我把工作、女友、家人和好友放下，只帶著幾百英鎊和一張信用卡，飛過大半個地球去找到最好的。我決意投入，等到我做到這一點，我開始有點運氣。沒有這樣的堅心投入，我的事業不可能往對我而言正確的方向前進。

（六）努力

沒達成你自設的目標？你是否停滯不前？請認真自問，我有多努力？當你聽到、看到世界上最出色的人時，會發現他們之間有一個共通因素：沒有誰比他們更努力。這是極為簡單的概念，但極少有人落實。多數人或許都覺得自己很努力了，但事實上我們通常做的都僅足以撐過一天又一天而已。若要超前，你要比別人投入更多心力，當你想要達成的目標在你的日常工作範疇以外時，尤其是這樣。敦促自己超前超越，是超乎目前的表現水準、獲得你尋求額外成果的不二法門。

持續努力不懈

當你的事業發展嚴重受挫、遭遇重大失敗、被人擊倒或是蒙受損失時，最難做到的就是持續努力不懈。我講的是明天你又會懷抱著適當的態度出現，而且比昨天努力兩倍。記下這些時刻，甚至因此受到激勵。這些時刻會決定你的事業，持續努力不懈是撐過去的唯一方法。

付出額外的努力

許多知名創業家，比方說蓋瑞・偉納恰（Gary Vaynerchuk），都說過如果每天都多做一點點的話，累積下來可以創造出大不相同的效果。你可以每天早一點起床，花一個小時去做能帶動你向前邁進的專案。你可以把通勤上班的路途全部都用來想這件事，或是在睡覺前撥一個小時這麼做。這些時間是你平常拿來睡覺或看電視的時間，多做一點的效果會快速累加，你會感謝自己做了這麼好的投資。

多走一哩路

愛爾蘭體操選手基蘭・畢漢（Kieran Behan）遭遇的逆境比多數人更多，每次都能以驚人的努力和專注捲土重來。十一歲時他被診斷出大腿有腫瘤，在輪椅上坐了一年，進行摘除手術時又遭遇嚴重的神經損傷。畢漢後來完全康復，再度回到體育館，訓練時又發生意外，在單槓上撞到頭，導致嚴重的腦傷，他被告知以後再也無法走路了。他拒絕接受這樣的診斷結果，振作起來，再度回到國際級的水準，但命運又再度無情捉弄他，二〇一〇年時他在不同的場合拉斷了兩條前十字韌帶。面對微乎其微的勝算，他又贏了，順利康復，在二〇一二年倫敦奧運會上，他成為有史以來第二位代表愛爾蘭參加奧運的體操選手。

最後，在二〇一六年里約奧運上，畢漢表現絕佳，眼看就要擠進決賽，但他在最後一次練習時膝蓋脫臼，最終以第三十八名收場。經歷這一切之後，他依然沒有被打倒：「我知道離開這裡之後，不管是過了幾年還是更久，我都會對於我在此地的表現非常、非常自豪……如果我鼓舞了任何人，那也會會讓我感到莫大的光榮……你必須看到正面之處，振作起來，會發生的事，就會發生。」

（七）可靠

你是會腳踏實地去做該做之事的人嗎？你在壓力之下、處於極緊繃的期間，能不能一次又一次把事情做好？別人會說你很可靠嗎？可靠是雇主要找的幾項重要特質之一；要找到一個每天風雨無阻、按時出現並且發揮自己的能力把工作做到最好的人，並不容易。但只是出現不代表可靠。如果你即便在緊繃且高壓之時能夠展現穩定性，那你就會是絕佳的好隊友。

可靠是一種寶貴的資產

少有人能不慌不忙、不驚不怪持續地做好自己的工作，如果你就可以，那你就擁有一種或許並不耀眼、但是影響力比你想像中更大的技能。如果你經常超乎職守願意多做一點，是主動積極解決問題的人，影響更明顯。

低調沉靜的可靠

我可以想到很多可靠的運動員範例，這些人接受適當的訓練並做好準備，發揮自己所長做到最好，日復一日、週復一週。這些人通常是運動隊伍裡的無名英雄，不會以最後一分鐘的逆轉勝搶占標題，但就是這些人投入的心力為其他人創造出機會。

同心協力

團隊划船時，就算只有一個人稍微放鬆，都會拖累整艘船。因此，要能經常且穩定的維持在頂尖水準，就需要決意付出大量的時間、努力、體能和決心，全年風雨無阻。曾任英國運動委員會（UK Sport）主委兼牛津布魯克斯大學（Oxford Brookes University）校長的凱薩琳・格蘭傑女爵（Dame Katherine Grainger），是英國拿到最多奧運獎牌的女性運動員。從二〇〇〇年到二〇〇八年，格蘭傑連續三屆贏得奧運金牌：四人雙槳項目得到兩次，雙人單槳項目得到一次。

在二〇一二年的倫敦奧運上。她必須在家鄉的奧運主場上表現亮眼的壓力想必極大。隊伍能不能靠她再度奪牌？她能不能百尺竿頭、更進一步，拿下最後的獎牌？在雙人雙槳項目的半準決賽中，格蘭傑和划艇夥伴安娜・瓦特金絲（Anna Watkins）同心，抵達終點時打破了奧運紀錄，之後在奧運中奪得金牌。格蘭傑並未止步於此，她繼續辛苦訓練，在二〇一六年里約奧運中又獲得一面銀牌，最後以五面奧運獎牌、八面世界盃錦標賽（World Championship）獎牌和七面世界盃划船賽（Rowing World Cup）獎牌的佳績，宣布從這個競爭激烈的運動項目中退下來。

（八）謙遜

你是喜歡大談特談自己會有什麼成就、好讓別人佩服的人嗎？或者，你是承諾的少、但交付成果多過應允的人？你能不能真心誠意地說你把別人放在前面，花時間、表現出你很在乎，而且不會要求別人去做你自己不準備動手做的事？每個人都有自我，內心都渴望獲得認可與尊重，我們都希望能因為自己的表現而受到讚賞。如果獲得讚賞時覺得開心、沒有的話也不覺得別人一定要有什麼表示，那就沒問題。很重要的是，當我們犯錯、請求協助與徵求想法以及得到回饋（無論正面或負面）時都要用謙遜的態度應對，因為這才能讓我們繼續精進與學習。

謙遜顯露出光芒

在運動界，罕見把自我放得很低的行事作風，但當選手展現非凡的運動員精神，將對手的福祉放在自己的榮光之前，卻是最好的典範。比方說，西漢聯隊（West Ham）的義大利籍足球員保祿・迪・卡尼歐（Paolo Di Canio）在一場比賽中遭遇了攸關生死的時刻，他就體現了這一點；當時，對手艾佛頓隊（Everton）的守門員保羅・傑拉德（Paul Gerrard）受傷倒地，球過來時球門大開，迪・卡尼歐接住了球，叫停比賽。他認為自己是在做對的事，因為對手的守門員很可能身負重傷，而後來他也獲得二〇〇一年國際足協公平競技獎（FIFA Fair Play Award），以茲表揚。

謙遜也可以創造成果

龜型人很樂見別人不太關注他們，之後才讓大家驚喜。謙遜行事當中隱藏的才能，可以確保你做足了十二萬分的準備，迎接未來的任何挑戰。比方說，如果你的工作需要經常公開演說，忘了自己善於此道可能會帶來一點好處。我不是叫你去體驗讓你一整天都動彈不得的緊張，而是讓你自我警惕，充分做好準備與練習，不要有什麼事需要看運氣。

謙虛的冠軍

問問看任何有在追蹤網球運動的人誰是最謙虛的網球冠軍，拉斐爾・納達爾很可能是他們最先說出的答案。你只要聽聽他在賽前或賽後的講話，就能清楚感受到他是在什麼樣的價值觀下成長。首先，他輸球時絕對不會有任何藉口，永遠都向對手致上最高敬意。他不會歸咎於條件或環境，對於球場上發生的狀況，一肩扛起所有責任。納達爾的叔叔托尼・納達爾（Toni Nadal）從三歲就開始指導他，很早就將紀律與謙遜潛移默化灌輸到他身上。「拉斐爾網球打得好我很開心，但有人說他是很好的人時我更高興。對我來說，做好人更加重要。」就像納達爾說的：「任何人都可以成為明星，但每一個人都要先成為一個人。」

我們在第一章已經看到，利用忠心耿耿、熱情澎湃、正面樂觀和慷慨大方等基本人格特質，可以找出龜型人。不管是哪一種龜型人，每一個身上都有這些特質，惟程度不同。然而，除了基本的人格特質之外，我們也檢視龜型人需要具備哪些價值觀才能贏得比賽並在生活成功。堅持、可靠、決意和剛毅，是成功的龜型人必須培養的其中一些價值觀。這些都可以靠後天養成，並隨著時間不斷精進。龜型人不像兔型人，前者永遠有時間。

讀完本章後，你要做一項龜型人測驗，看看你需要把重點放在哪些價值觀上；當你要進入龜型人新訓營時，測驗的結果將直接指引你到第二部的相關訓練上。

如何成為贏得比賽的龜型人

- 龜型人有某些基本人格特質，但要成為成功的龜型人，還要培養出明確的耐心、堅持、看得長遠、可靠、決意、努力、謙遜和堅毅等特質。
- 打持久戰。
- 對自己有信心，永不放棄。
- 克服逆境，並從中累積出成就。
- 持續努力不懈。
- 堅持做好該做的事，並多做一點。
- 承諾的少，但交付的成果多過應允。

TEST

龜型人
測驗時間

我們已經找出要成為成功龜型人需要培養的人格特質和價值觀，這些因素我們每個人身上都有一點，惟程度不一。當你找到你還有欠缺的領域並付出心力修正，就能擁有必要的工具組，讓你達成自設的重要目標。

我設計這項測試，用意是要幫助你評估，以你的龜型人基本特質和能讓龜型人成功的價值觀相比之下，你目前的水準在哪裡。透過測驗，你可以找到自己的長處，並針對有欠缺的領域設定優先順序。想一想這件事，也可以幫助你決定你符合哪一種龜型人發展類型。

根據一個人身上的龜型人特質多寡，可以分成四種發展階段：隱約龜型人、新手龜型人、典型龜型人、真正龜型人。

- **隱約龜型人**：這是介於龜型人和兔型人之間的混合類型；你想要往哪一邊？
- **新手龜型人**：這是仍在培養中的龜型人；你是否已經準備好付出該付出的心力，成為典型龜型人？
- **典型龜型人**：這顯然是很堅定的龜型人；你想要升級成為真正的龜型人嗎？
- **真正龜型人**：這是徹頭徹尾的龜型人；你要怎樣更上一層樓？

就像做任何測驗一樣，你要坦誠作答，才能讓測驗發揮最大效果。測驗的重點是要找到要改善的領域，因此，不要回答你認為最好的答案，而要選出最能反映出你這個人的答案。我們要處理一直在討論的人格特質和價值觀，你現在要做的是檢視你在生活中體現每一種價值觀到什麼地步，然後用一分到三分替自己評分。

3	不管在什麼樣的環境下，一貫地表現出這種行為。
2	偶爾會表現出這種行為，但不一定會。
1	極少／從未表現出這種行為。

1. 同事不在場時有別人說他們的壞話，我會挺身而出。
   分數 1 ／ 2 ／ 3

2. 無論是在會議中、 午餐時的輕鬆談話或是和朋友通電話，我在任何時候都帶著信心來談我真的很在乎的主題。
   分數 1 ／ 2 ／ 3

3. 當我處境艱難且身邊的人態度都很悲觀負面時，我會看到情境中的光明面並傳達出去。
   分數 1 ／ 2 ／ 3

4. 我同意用慷慨的精神待人接物不管在任何情況下都是獲得正面結果的最佳方法，也會讓人覺得更舒服。
   分數 1 ／ 2 ／ 3

5. 就算要花很多時間才能有所成就，我也會等待我想要的成功。
   分數 1 ／ 2 ／ 3

6. 當情勢讓人沮喪而且我感受到極大壓力要我放棄，我仍會堅持去做。
   分數 1 ／ 2 ／ 3

7. 我打持久戰，因為我對自己有信心，相信一定會成功。
   分數 1 ／ 2 ／ 3

8. 就算在最黑暗的時刻，我的信念仍讓我保有勇氣並懷著使命感。
   分數 1 ／ 2 ／ 3

9. 我決意要做到傑出，並理解要付出很多痛苦的犧牲才能做到。
分數 1 ／ 2 ／ 3

10. 我兢兢業業，並做好準備每天都要努力不懈。
分數 1 ／ 2 ／ 3

11. 被交託任務時，我會動手去做並堅持做下去，直到完成任務。
分數 1 ／ 2 ／ 3

12. 當我有好表現，我寧願讓大家感到驚喜，不會自己大吹大擂。
分數 1 ／ 2 ／ 3

13. 別人可以信賴我能用自己設定的極高標準完成任何任務。
分數 1 ／ 2 ／ 3

14. 我很樂於花時間以贏得人心，如果一開始沒人注意到也沒人欣賞我的好表現，我也並不在意。
分數 1 ／ 2 ／ 3

15. 我或許動作慢，但我百分之百有決心要成功。
分數 1 ／ 2 ／ 3

你獲得幾分？

一旦你針對每一題替自己打了分數然後加總起來，請查閱以下這張表，看看你現在處於哪個境地。

41 分～ 45 分 真正龜型人	你是真正的龜型人！你可以按照自己的時程達成目標，而且你會贏。 你僅剩兩、三個領域還需要強化。
36 分～ 40 分 典型龜型人	你是堅定的龜型人。 你最多可能還有九個領域需要繼續精進。
31 分～ 35 分 新手龜型人	你是還在養成的龜型人。你有很多龜型人的特質，也有一些缺點。 你幾乎需要加強每一種人格特質和價值觀。
26 分～ 30 分 隱約龜型人	你是龜型人還是兔型人？你兩邊的特質都有，因此要朝哪一邊努力都可以。 如果你決定遵循龜行之道，首先要下定決心。
25 分或以下	承認吧，你是喜歡做測驗的兔型人！

整體分數會告訴你目前你在龜型人發展階段中的哪一層，並指出你還需要做哪些努力才能成為真正成功的龜型人。比方說，假設某個人已經來到典型龜型人階段、而且在上面問題中有六題都拿到滿分三分，但這表示，他在剩下的九個領域中還是有很多可再努力之處。某個新手龜型人或許在其中八題中表現出色，但是在剩下的七項中也還大有改進空間。至於現在還是隱約龜型人的混合體，可能在某七項龜型人價值上表現很好，但是在另外八項則還要費很多勁。

下一步是要檢視你在每一題的分數，挑出你得分為一分或兩分的題目，然後善用以下的指示去理解你需要強化哪些領域，要在第二部中接受哪些訓練。

第一題：同事不在場時有別人說他們的壞話，我會挺身而出。

如果你在這一題得到一分或兩分，那代表你在忠心耿耿這個面向上表現為中到低。請加強溝通、果斷和打造團隊。

請在第二部中接受以下訓練：

以龜型人的方法進行溝通

孕育龜型人的團隊文化

管理衝突

認真看待自己要做的事，但不用太看重自己

第二題：無論是在會議中、午餐時的輕鬆談話或是和朋友通電話，我在任何時候都帶著信心來談我真的很在乎的主題。

如果在這一題中得分很低，代表你在工作上缺乏熱情。找出你自己最關心的事務，尋回熱情並傳達給別人。

請在第二部中接受以下訓練：

迎接成功

照料自身、家人以及摯愛的人

第三題：當我處境艱難且身邊的人態度都很悲觀負面時，我會看到情境中的光明面並傳達出去。

如果你沒辦法看到光明面，是不是因為你讓工作反過頭來主宰你？如果你看得到光明面但不敢開口說出來，是什麼因素阻礙了你？

請在第二部中接受以下訓練：

以龜型人的方法進行溝通

處理壓力

面對失敗

管理衝突

第四題：我同意用慷慨的精神待人接物不管在任何情況下都是獲得正面結果的最佳方法，也會讓人覺得更舒服。

你在充滿挑戰的情況下是否很難獲得自己想要的？請更深入認識、理解你的隊友，藉此打破惡性循環。

請在第二部中接受以下訓練：

以龜型人的方法進行溝通

孕育龜型人的團隊文化

多往前布局兩、三步

第五題：就算要花很多時間才能有所成就，我也會等待我想要的成功。

這是比較困難的領域之一，也是多數人都要加強的領域。耐性被視為一種美德，不擇手段的兔型人會借用這一點，利用他人的耐性來占便宜。

請在第二部中接受以下訓練：

孕育龜型人的團隊文化

迎接成功

多往前布局兩、三步

認真看待自己要做的事，但不用太看重自己

第六題：當情勢讓人沮喪而且我感受到極大壓力要我放棄，我仍會堅持去做。

「沒有人喜歡落荒而逃的人」這句話聽來很可怕，但我們可以從中學到教訓。你為何難以堅持下去？背後可能有很多職場或是人際關係的理由。

請在第二部中接受以下訓練：

處理壓力

面對失敗

管理衝突

認真看待自己要做的事，但不用太看重自己

照料自身、家人以及摯愛的人

第七題：我打持久戰，因為我對自己有信心，相信一定會成功。

如果你很難有信心，也不太相信自己，你很可能會覺得孤獨，沒有人支持。只有你自己才能打破這個循環。要成功看起來很困難，但請把重點放在和同事溝通，以培養出有意義的關係連結。

請在第二部中接受以下訓練：

以龜型人的方法進行溝通

多往前布局兩、三步

管理變革

身體力行，展現領導

第八題：就算在最黑暗的時刻，我的信念仍讓我保有勇氣並懷著使命感。

即便面對的是自己，都很難誠實承認自己在逆境中掙扎。沒有人希望眾人皆知自己沒有抗性。在這一題上得分很低，可能意味著你如果想培養出必要的堅毅，你要放眼工作以外的人生，聚焦在你真正在乎的事物上。

請在第二部中接受以下訓練：

認真看待自己要做的事，但不用太看重自己

照料自身、家人以及摯愛的人

第九題：我決意要做到傑出，並理解要付出很多痛苦的犧牲才能做到。

我們都希望在這一題上能拿高分。如果我們真的要誠實面對自己，或許就必須承認我們想得到好東西並且好好享受，比方說，我們想要位居要津，和重要的人物共事。但代價是什麼？不管是什麼，都無須自我苛責。開誠布公和同事談談，以決心和焦點找出他們的立場是什麼。

請在第二部中接受以下訓練：

以龜型人的方法進行溝通
孕育龜型人的團隊文化
處理壓力
管理變革
和成功的高成就者相得益彰

第十題：我兢兢業業，並做好準備每天都要努力不懈。

如果你有勇氣，敢於面對在這一題上的表現不好，我為你喝采。當你來到本書結尾的龜型人新訓營，你還有很多尚待努力之處。現在，你只管傾聽隊友怎麼說，做好準備迎接你即將要進行的變革。

請在第二部中接受以下訓練：

孕育龜型人的團隊文化
管理變革

第十一題：被交託任務時，我會動手去做並堅持做下去，直到完成任務。

一個人會因為很多理由很難持續去做一件事，比方說沒有方向或缺乏資源。但且讓我們假設一切都就緒，因此，做不下去一定有什麼讓你很困擾的問題。是因為你覺得很無趣嗎？如果你希望變成更可靠的人，現在就該提醒自己，你的最終目標是什麼。

請在第二部中接受以下訓練：

身體力行，展現領導

照料自身、家人以及摯愛的人

第十二題：當我有好表現，我寧願讓大家感到驚喜，不會自己大吹大擂。

如果你多花一點時間想想這一題，就會很清楚想到兔型人沾沾自喜告訴身邊的人自己有多棒的模樣，於是你會評定自己應得三分。但你讀到了這裡，你知道自己也和別人一樣，偶爾也需要從好表現中獲得認可。請花點時間培養出良好的傾聽技巧，這能幫助你在這些時候自我克制，讓你的工作表現替你發聲。

請在第二部中接受以下訓練：

以龜型人的方法進行溝通

孕育龜型人的團隊文化

第十三題：別人可以信賴我能用自己設定的極高標準完成任何任務。

值得信任是我們希望能在同事身上找到的重要價值觀之一，但我們每個人都是凡夫俗子，很難永遠都百分之百展現出這一點。如果你在這一題上的得分在三分以下，代表你還需要加把勁提升精力並強化一致性。

請在第二部中接受以下訓練：

孕育龜型人的團隊文化

認真看待自己要做的事，但不用太看重自己

和成功的高成就者相得益彰

照料自身、家人以及摯愛的人

第十四題：我很樂於花時間以贏得人心，如果一開始沒人注意到也沒人欣賞我的好表現，我也並不在意。

如果在這一題得分很低，可能凸顯出沒耐性的問題。另一方面，很可能也指向你身處於高度競爭的文化，在這裡，只有受到注目才能繼續向前發展。如果你有意往龜型人的方向繼續發展，你會知道現在就應該往後退一步，不要再擔心自己的狀況，就讓兔型人超前吧。你得勝的時間終究會到來。

請在第二部中接受以下訓練：

- 孕育龜型人的團隊文化
- 多往前布局兩、三步
- 認真看待自己要做的事，但不用太看重自己
- 身體力行，展現領導

第十五題：我或許動作慢，但我百分之百有決心要成功。

沒有任何龜族可以快速行動，說起來，這一點顯而易見，慢就是這種動物的天性。但如果你認為自己是龜型人，你在這一題上的重點比較應該放在百分之百要成功的決心，而不是步調。多付出一點心力培養出抗性與持續的力量很值得，也會讓你在這一題上拿到更高分。

請在第二部中接受以下訓練：

處理壓力

面對失敗

迎接成功

定期重新調整龜型人心態

第一次做完本項測驗之後，務必保留你的分數，四到六個星期之後再做一次。這是很好用的工具，讓你可以自我評量，導引你回到對你而言非常重要的事物，並協助你找到讓你能達成目標的人格特質。另外一個要這麼做的理由，是龜型人的人格特質和價值觀通常處於不斷變動的狀態。根據你在不同時間點遭遇到的不同事件，你可能會發現自己最弱的價值觀又更弱了一點。定期重新評估，能確保不要失分太多。

就像任何資料或資訊收集工作一樣，回顧與檢視分數變化時，一定要去看脈絡環境。因此，拼圖的最後一塊就是你要在每一次重新做測驗時在下方寫下一些註記，就像日誌一樣，來描述你當月的活動。這段期間在工作上壓力很大、很緊繃嗎？還是剛好相反，是一段很順利、很開心的期間？這對你的分數有何影響？在不同的環境下反省你的行為變化，可以幫助你邁開大步，朝向成為成功龜型人的目標走去，並幫你做好準備，讓你能面對你知道未來必定會出現的情境。

舉例來說，如果你知道你在年度最終銷售季要達成的目標很高，你也知道你在壓力之前通常就無法正面樂觀，也會拋下想成功的迫切感，反而會選擇以悲觀負面來看待其他人，然後就因循拖延，那麼，你可以事先為這件事做準備，在下一季時謹慎注意自己這些行為。這樣的練習有助於提升你的表現，讓你的同事大大驚喜一番，他們很可能已經注意到你過去的負面行為模式。

如果你重複的次數夠多，就可以培養出一種自我覺察，讓你在當下可以自我規範。等到出現某些考驗龜型人價值觀的情境時，就能明確明智地替你這個龜型人選出正確的行動。就以忠心耿耿為例。你可能會發現，你的同事們在背後批評另一位同事。如果你定期做了龜型人測驗，你就會意識到這是一個要改善或是應該維持高分的重要領域，你可以不要參與他們的對話，或者，更好的辦法是，你可以溫和地質疑他們剛剛說的話，守護你的隊友。

PART TWO

龜型人請至新訓營報到

CHAPTER 4

成功的龜型人必備軟性技能

歡迎來到第二部。我們已經理解為何龜行之道是邁向成功唯一真正可長可久的路徑，以及身為龜型人代表什麼意思，以此為基礎，現在要把注意力轉向抱持正確的心態以培養、善用並持續琢磨這些技能，讓你能變成你一直期望能成為的成功龜型人。

在第二部中，我們要把重點放在採取有方向且務實的行動，培養出你做龜型人測驗時發現自己欠缺的技能。無論你自評為隱約龜型人、真正龜型人還是介於兩者之間的某一種，你都可以付出努力磨練你的能力，改進你需要改進之處。

在我們開始之前，我要先做概要說明，讓你知道你繼續讀本書第二部的話會讀到哪些內容。在下一章，你要進入幫助你成為更高效龜型人的各項訓練，從以龜型人的方法進行溝通、處理壓力和多往前布局兩、三步，到理解成就非凡人物的行為模式。你當然可以嘗試每一項訓練都去做，但最好一開始以你有需要改進的相應領域為目標。在第六章中，我們要探討龜型人如何在不同的事業階段都能成功；從入門前的新手，一直做到有影響力的高階管理階層，這中間大約會有二十年的時間。在第七章，我們要探討像你這樣躊躇滿志的人會面對的幾項重大挑戰：如何將你的構想和概念傳達出去，給具有權威或經濟能力落實這些想法的人。我會介紹我的龜型人買單矩陣：這是很有用的工具，讓你去思考不同地位的有力人士如何看待你的想法，評估成功的可能性以及必須付出的心力。

最後，當你認為你已經準備好要試行你的知識和技能時，我會帶你進入龜型人新訓營，完成每天都有排定課程的一週訓練營。訓練營不僅會針對三種不同的入門級階段測試你的技能，也會為你準備以下三種不同類別的演練：

↓你可以馬上行動、用於既有情境的技能

↓用於你計畫未來會出現情境的技能

↓用於你長期下來很可能會遭遇情境的技能

當我們在檢視軟性技能的重要性、並且探討如何讓基本龜型人特質和方法發揮最大效果時，你必須投入時間、做出犧牲並付出心力，才能順利度過龜型人新訓營。

軟性技能

軟性技能到底是什麼？又為何重要？百餘年前，第一次世界大戰的衝擊，加上心理學興起，出現了一項關於成功領導者的重要研究。一個由哈佛大學、卡內基基金會（Carnegie Foundation）和史丹佛研究中心（Stanford Research Centre）聯合組成的研究團隊，一九一八年時公布了研究結果，發現工作上的成就有百分之八十五可歸因於擁有發展良好的人際關係技能。

主持本項研究的是美國的物理學家、教育家兼美國政府戰爭顧問查爾斯・利伯格・曼恩（Charles Riborg Mann），他們請三萬名工程學會的會員選出成功必備的六大特質，這些人都很清楚答案是什麼：人格特質、判斷力、效率、對男人的了解（當時所有工程師都是男性）、知識與技能。這是第一次提到我們今天所說的「軟性技能」。

二〇〇四年，哈佛大學仍在研究商界領導這個主題，詢問幾百家跨國企業：「怎麼樣才能成為領導者？」有哪些因素和之前不同了？心理學家兼本研究報告的作者丹尼爾・高曼（Daniel Goleman）發現，在這些企業中，有一項成就最出色領導人的特質脫穎而出，那就是情緒智商很高。情緒智商的概念首見於一九六〇年代，當時心理學家開始把這種能力和傳統的智力能力（也就是所謂的智商）分開。到了一九八〇年代，心理學家霍華德・嘉納（Howard Gardner）談「多元智能」（multiple intelligence）的概念，也根據本質分為「人際智能」（interpersonal）與「內省智能」（intrapersonal）。這樣下來，如今情緒智商已經自成一個研究領域，一邊談的是人去理解他人意圖、動機與渴望的能力，另一邊則談自我理解以覺察個人感受、恐懼與動機的能力，然後兩相結合。一九九〇年代中期，高曼本人也寫了一本暢銷書《EQ：決定一生幸福與成就的永恆力量》（*Emotional Intelligence*），情緒智商（EQ）是更早之前就有人提過的用詞，就因為這本書而定下來了。

顯然，要能成功領導，人際、社交與溝通技能的綜合體反而是具有魔力的秘訣，而不再取決於單純靠學習得到的技能，或是內心覺得高人一等、天生有才以極富魅力人格等兔型人價值觀，也不在於你念哪個學校。以我們長久以來熟知的研究來說，主要的結果仍是以後面講到的這些兔型人價值觀為重，很多人可能還是認為情緒智商以及軟性技能是很薄弱的論點，這些東西可有可無，爭取優惠待遇與延續機會不平等這些兔型人的戰術，可能還更有效。

高曼假設，他為了做二〇〇四年的研究而調查的領導者，都具備水準相當的硬性技能，從而確認了一件事：講到哪些因素企業領導者能超越同儕，高情緒智商的重要性占了九成。我們其實都知道是什麼因素造就了成功的領導者，但仍不願意接受相關的訓練。是因為我們不喜歡「軟性」技能這種說法嗎？可能的理由是，與硬性技能不同的是，軟性技能難以衡量，比方說常識和正面態度。

在研究中，高曼強調情緒智商發展的四個基本階段：自我覺察、自我規範、同理心和經營得宜的人際關係。兔型人很少去管這些面向，但若你想成為成功的龜型人，這些正是你要努力的領域。下一章裡的十二項訓練會幫助你培養出這些軟性技能：

一、以龜型人的方法進行溝通
二、孕育龜型人的團隊文化
三、處理壓力
四、面對失敗
五、迎接成功
六、多往前布局兩、三步
七、管理變革
八、管理衝突
九、認真看待自己要做的事，但不用太看重自己
十、和成功的高成就者相得益彰

十一、身體力行，展現領導

十二、照料自身、家人以及摯愛的人

要有成功的事業，一定要有硬性技能，少了這些技能，你的發展難以持久。你可以透過學校教育和在職訓練學到這些硬性技能。軟性技能也很必要。如果你不具備軟性技能，無法在你所選的專業中傳達你對自己及對身邊人士的看法，你也無法憑藉硬性技能走長遠的路。要培養與學習這些軟性技能會比較困難，但如果你去做，你就能勝過競爭對手。

龜型人需要堅硬的殼

請你深思以下幾個問題。烏龜的行動很慢，是因為牠背負著沉重而堅硬的外殼嗎？還是說，因為烏龜天生動作慢，所以需要堅硬而沉重的外殼？在進入操練演習之前，我們需要探討一下我們人性對於壓力或創傷的自然反應。

很多人都聽過百餘年前由哈佛醫學院的美國生理學家沃爾特・布拉德福・坎農（Walter Bradford Cannon）提出的「對抗或逃跑」（fight or flight）反應原創理論，他判斷，面對威脅時，不管是人類還是動物，要不然就是站在原地起身對抗，要不然就是逃開以躲避危險。

這是自律神經系統的自主反應，要人在生理上做好準備，從兩者中擇一。更近期，研究人員在檢視人類行為時，又在前述兩項之外加上其他有意識的選擇，包括：

僵化（freeze）：這種反應是僵在當場，就像是被汽車頭燈照到的鹿一樣；

淹沒（flooding）：一個人完全被情緒壓倒；

乞憐（fawn）：順服，甚至到了想和攻擊者為友的地步；

疲憊（fatigue）：睡覺或經常打盹來因應高壓，在小孩身上尤其常見。

我當然不是行為心理學家，但我想要再加入一點我自己的心得，那是我在生活中大量觀察別人得出的結果，也是我常使用的戰術：

建構（framing）：不做回應，單純觀察，並冷靜從容靜觀情勢的變化。

面對充滿壓力的環境，人會根據自身的人格特質、過去經驗以及當天的情緒狀態做出反應。這裡要掌握的技巧是，訓練自己一開始不要有所反應，什麼都別做，只要觀察，靜心看著情勢的演變。這不代表你很被動、你僵化了還是你順服了，而是放手讓事情發生。

這代表你要冷靜並帶著自信，才能讓自己不做任何反應。透過穩住自己的立場所生出的力量，你就能在情境中控制情緒。

在本書稍後，我會繼續討論單純現身以表達你對他人的支持有多麼重要。你光是出現，什麼都不用多說，對於處於緊繃狀態下的人就已經大有幫助。這和穩住自身立場的做法很相似。在職場上面對衝突、變動或辯論時，這很好用，甚至也可以套用到彆扭或讓人不舒服的情境下，比方說參加派對卻沒看到任何認識的人。這麼做，是議題或人們會來到你身邊，你不會挑起事端，你也會因此處於一個強力的立場。以我來看，先靜待其他人會怎樣行動之後再選擇你要如何因應，是最佳的立場。但要做到這一點需要一定程度的自信。然而，就像任何技能一樣，透過練習，當你不斷強化，才能培養出自信心。龜型人需要堅守立場，要做到這一點，需要堅硬的外殼，這副堅硬外殼內部的組成便是軟性技能。

培養出「同感」

有些人喜歡用「同理心」這個詞，但以我來說，用「同感」來說更好，我在自己的工作上通常也這麼用。培養出同感，不僅在工作上是很重要的一項技能，在生活上亦是。覺察情境，確認你和當事人或當事群體建構起了連結，知道他們真正想要的是什麼，問對了能得到回答的問題，認真傾聽他們的答案並且進一步探問。這裡的重點，是要釐清他們要什麼、他們有何感受、他們認為你可以提供哪些協助。

太常見的情況是，我們替別人做決定，逕自認定他們想要的是什麼。你有做過這種事嗎？無論你想的是對還是錯，你都沒有藉由先詢問和傾聽來建立或維持雙方的聯繫。如果你想建立起信任關係，就要先傾聽，之後用讓對方知道你有聽進去的方式講一遍。這樣做，便認同了他們的情緒，以及他們對於某個經驗的感受，不管是正面的（「我為你感到高興萬分」、「我很樂見這件事發生在你身上」、「這是你應得的」）或是負面的（「我很難過你發生這種事」、「我看得出來這對你來說一定很辛苦」）經驗，都一樣適用。唯有當你真心傾聽並聽進對方所說的話，才能夠繼續下去，了解他們希望你做什麼來幫助他們。

就像培養任何其他技能一樣，訓練自己培養出更高的同理心，是很重要的事。好消息是，你每天都有機會在工作上與私人生活中去這麼做，你可以挑選等一下要開的會議、要做的決策、競爭場合或任何重要時刻來做練習。對方可以是你的隊友或是和你共事的某個人，甚至是家人。

同感練習

要培養這種技能有兩種方法，一是事先在你選定的情境中做好準備，去體察每一個人的心情與感受：

自問每一個人會希望看到什麼樣的結果，你認為這件事對每一個人有何影響？

他們擔心的是什麼？

做筆記，記下你和每一個關係人進行的對話，挑出你的同事所表達出的關鍵說法、感受和推估。如果對方的壓力很大，很重要的是要注意到他們在心理可能會把這個情境想成大災難，或者過度誇大當中的正面之處。要注意群體之內的觀點可能有差異，考慮到每個人的盤算有可能互相衝突。事先掌握到這些，能幫助你處理情境，並調整你的溝通模式，以達到最好的效果。

第二是要深省你自己的行為。這不是叫你每天晚上花一小時坐下來自我分析，是要你在處理完選定會議／決策／競爭／重要時刻之後，在你的準備筆記記錄以下這些要點：

我是否說了該說的事？和我互動的人對於我所說的話以及我的表達方式有何想法？我說的話會讓誰難過、高興、佩服？我本來可以做哪些事讓我的表現更好？

然後，比對兩份筆記，看看就你之前設定的目標來看，你的達成率有多高。

最後的反省是要自問：

我有沒有主動傾聽並讓對方知道我有在聽？我有多了解每一個人對結果的疑慮和期望？我有沒有聽到情境中出現的新狀況？我為何之前沒有察覺到這一點？有沒有人表達了意見、但我卻沒有掌握到？我對誰的觀點感到意外？

你從準備以及反省所發生情境當中得到愈多經驗，直覺就會愈精準。你的直覺會愈來愈能嗅出他人的需求，因此，聽從本能就變得愈來愈可靠。這也可以幫助你在互動當下實際操作時更用心，讓你得以調整作法和溝通方式。

在培養同感時犯錯，其實是年輕人培養專業過程中最重要的面向之一。你可能太過輕率，對經驗更豐富的人提出了過多意見，在會議上太多嘴提出了不當的建議，或是根本沒有認真傾聽。如今，每當我看到這種事，我就知道，重要的是要以確定但友善的態度點明這樣的行為。在早期階段就這麼做，可以讓對方免於在事業後期變成兔型人。

你和你的軟性技能

- 談到軟性技能時，指的是人際技能、社交技能、溝通技能。
- 你需要養成自己的情緒智商：自我覺察、自我規範、同理心和經營得宜的人際關係。
- 你是龜型人，你的速度比兔型人慢，因此，你要體認到堅硬的外殼很有價值，並學會站穩立場。
- 考慮他人的需求與感受不但是在事業發展過程中向上爬的最好方法，也是人生中成效最好的方法。

CHAPTER
5

十二項軟性技能訓練

現在我們要把注意力移轉到操演練習上，藉由發展和強化成功龜型人必備的最重要軟性技能，提高你在龜型人測驗中的得分。當你做完這些練習之後，你將可以改造方法，讓你和同事共事起來更融洽，並受到管理階層的青睞。身為龜型人，你勤加練習這些技巧，直到變成你的長處，並不斷琢磨價值觀，直到變成你自己的一部分。

上一章的結尾提到，關於這些軟性技能，我希望從特定的情境來談。創意思考和時間管理這些主題很好很棒，但是當你第一次遇見高成就者或要面對失敗時，這些東西派不上用場。無論資歷深淺，很多人都會在日常生活中很多實際、經常發生的情境中犯錯，無論你是中階經理人還是入門級的龜型人，本書所講的情境脈絡式練習都同樣相關、有用且有效。

一、以龜型人的方法進行溝通
二、孕育龜型人的團隊文化
三、處理壓力
四、面對失敗
五、迎接成功
六、多往前布局兩、三步
七、管理變革
八、管理衝突
九、認真看待自己要做的事，但不用太看重自己
十、和成功的高成就者相得益彰
十一、身體力行，展現領導
十二、照料自身、家人以及摯愛的人

一、以龜型人的方法進行溝通

使用本項練習來提高你在龜型人測驗中以下各題的分數：

- 同事不在場時有別人說他們的壞話，我會挺身而出。
- 當我處境艱難且身邊的人態度都很悲觀負面時，我會看到情境中的光明面並傳達出去。
- 我同意用慷慨的精神待人接物不管在任何情況下都是獲得正面結果的最佳方法，也會讓人覺得更舒服。
- 我打持久戰，因為我對自己有信心，相信一定會成功。
- 我決意要做到傑出，並理解要付出很多痛苦的犧牲才能做到。
- 當我有好表現，我寧願讓大家感到驚喜，不會自己大吹大擂。

從芝麻綠豆大的事到全球議題，很多時候之所以會出問題，都是因為不理解或是溝通失敗。這些年來，我常因為要去開我認為和我沒什麼直接相關的會議而嘆氣，花了多餘時間去談我並不特別感興趣的主題，但這種態度是不對的。就算會議要談的並不是我想討論的議題，我還是和我的同仁齊聚在會議室裡，傾聽我所任職、受到影響的部門、公司或產業表達的憂心。訊息會逐漸深入，談到可以運用的機會以及我的同事如何回應事態的發展。有機會和同仁進行群體對話，應視為一種正面的發展機會。以下是我採取的一些步驟，以確保我的溝通層次是對的。

第一步：超額溝通

雖然溝通品質是重要因素，但多溝通幾乎可以化解所有問題，而不是減少溝通。我的意思並不是指每件事都寫個千字長文電子郵件，反之，要經常溝通，不管是面對面還是群組即時通對話，這樣就夠了。

第二步：爲所有的溝通擔起責任

避免指責別人溝通不夠。在生活中我常聽到有人說：「沒有人告訴我現在怎麼樣了。」或者「這種溝通真的很糟糕」。我聽到時總是在想：「為什麼你不把搞清楚現況當成自己的責任？」沒有得到相關資訊是你自己的責任，這一點很重要。如果我真的很想跟某個人談談、找到某項資訊甚至傳遞某些資訊，我會把這當成自己的事去做，我會打電話，用文字簡訊追蹤，再打電話，留言，重複這個過程，直到我得到對方的回應。如果有人沒收到你傳達的重要資訊，也要把這當成是你的責任，就算只是開啟即時通對話或是以後把這些人加入電子郵件對話串都好。

第三步：傾聽

傾聽是優質溝通的核心。花時間好好聽一聽對方說什麼，跟讓對方自顧自地去講、你滿腦子裡都只想著接下來要提出什麼絕妙論點，這兩者大不相同。如果你給對方的回應和他們講的主題無關，對方就會假設你根本沒在聽，而，他們很可能是對的。反之，你在回應時要認同對方的情緒或是以確認的說法來回答，比方說：「我懂」、「這對你來說一定很辛苦」或是「太棒了，我真替你高興」，接著才提出你對於特定主題的看法，再來才是帶到你自己想講的話（如果你有的話）。如果你想重申你是一個好的傾聽者，下一次再和同一個人對話時，務必問起你們上一次談話時對方講到的主題。

第四步：要簡單、扼要、明確

和人溝通時，請以非常明確的態度表達自己的意見，尤其是你要下指令時。當然交談時不要把同事當成五歲的小孩，只要確認他們離開時確知你的觀點或是你確實希望他們做的是哪些事。把你的內容分解成很簡單的話，並且重複。你的訊息要很扼要，一個字可以講完，就不要用到二十個字。避免為了讓自己聽起來很老練而使用太過技術性的術語。如果他們的理解有誤，不要怪別人，請怪你自己沒有把話說清楚。

攸關生死的談判

高壓的人質挾持事件事關重大，溝通是關鍵，能否和挾持者進行完美無瑕的互動，可能就是生與死的差別。史考特・提拉瑪（Scott Tillema）警官是在聯邦調查局（FBI）受過訓練的人質挾持事件談判人員，在特警隊（SWAT）任職七年間都從事這類任務的他，講起他有一次被叫去一處民宅處理一樁可能的自殺威脅事件，並暢談需要哪些技能才能解除危機。當他進入屋內、走往地下室，他看到一個人坐在扶手椅上，拿著槍對著自己的腦袋。提拉瑪馬上自我介紹，並提出要幫他忙，快速在兩人之間培養默契。他注意到此人開始瞪著他看，而不再是盯著地板，情況開始看來比較有望了。之後，這個想要自殺的男子問他們會不會帶他去醫院，提拉瑪警官極欲幫忙，因此他很爽快地說：「會，我們當然會帶你去醫院。」就在這一刻，氣氛急轉直下，馬上惡化。提拉瑪自己承認，當時他沒有真正去理解此人想要的是什麼，信任因此破裂。此人最不想去的，就是醫院。他的團隊和這名男子協調十八個小時，但是此人仍自轟（但是他在槍傷下活了下來），這對提拉瑪來說是很椎心的一堂課。

溝通練習

找一個對你來說不算太好溝通的對象；溝通不良可以基於任何理由，可能是語言障礙、害羞、你們之間有摩擦或是單純的個性衝突。接著，在之後的幾個星期試著去做做看本項練習。

第一階段：開始和他們對話，並以有共同利益的專案／未來的活動／會議／決策為中心。利用上一章結尾的「培養同感」練習來做準備。

第二階段：在兩週的溝通期間內落實四項溝通原則：超額溝通、為所有的溝通擔起責任、傾聽以及要簡單明確。

第三階段：一個星期之後，根據前述四大原則，檢視你和對方的互動狀況。自問一些檢視同理心的問題：我是否說了該說的事？和我互動的人對於我所說的話以及我的表達方式有何想法？我說的話會讓誰難過、高興、佩服？我本來可以做哪些事讓我的溝通更順暢？

第四階段：設定你下週的計畫，設法根據你在第三階段中所得到的回饋加以改進。以溝通的四大原則來說，哪些是你可以做到更好的？

第五階段：過完兩個星期之後，根據以下的項目來思考你現在和對方的關係：

是或否？

- 你現在和對方相處時會覺得比較輕鬆嗎？
- 你們之間能夠自然而然講下去嗎？
- 以你選定的情境來說，你們的意見是否相似？
- 你能不能在不會覺得不安／彆扭之下表達不同意？
- 與過去相比，對方現在有多常主動先來找你溝通？
- 你們現在是否有更多面對面的交流？
- 你在溝通時的肢體語言（眼神接觸、面對彼此、不交抱雙臂等等）是否在那之後也變了？

是？如果在這些問題中有一題或多題的答案為是，請為了自己的進步而開心，並慶賀自己走出了舒適圈才促成了這樣的結果。無論你能否和這位同事變成朋友，能和在你身處環境中的任何人強化溝通，都是一件好事。

否？就算所有問題的答案都是否，也不要因此灰心。有太多的理由會影響他人的溝通，可能和你、你的個性或行動全無關。在你遇見的人中，每五個就或許有一個不喜歡你，這是免不了的可能性。這當然不應該阻礙你做一個堅持的龜型人、之後繼續向外去找志同道合之人。在未來，這可能會造成大不相同的結局！

溝通的秘訣

假設別人想要什麼，很少有用。先傾聽對方怎麼說。

二、孕育龜型人的團隊文化

使用本項練習來提高你在龜型人測驗中以下各題的分數：

- 同事不在場時有別人說他們的壞話，我會挺身而出。
- 我同意用慷慨的精神待人接物不管在任何情況下都是獲得正面結果的最佳方法，也會讓人覺得更舒服。

- 就算要花很多時間才能有所成就，我也會等待我想要的成功。
- 我決意要做到傑出，並理解要付出很多痛苦的犧牲才能做到。
- 我兢兢業業，並做好準備每天都要努力不懈。
- 當我有好表現，我寧願讓大家感到驚喜，不會自己大吹大擂。
- 別人可以信賴我能用自己設定的極高標準完成任何任務。
- 我很樂於花時間以贏得人心，如果一開始沒人注意到也沒人欣賞我的好表現，我也並不在意。

在團隊裡培養並維繫強韌的凝聚力以利落實共同的目標，確實是職場上最困難的任務之一。去問問看任何在職務上要面對重重充滿挑戰面向的經理人就知道，管理員工大概是困難排行榜上數一數二的項目。即便是小型團隊，不同的人格特質、背景和價值觀加起來，也會是龐大的綜合體。

要有很強的領導能力，才能讓這些人凝聚在一起，但這不是我在這項練習中要強調的重點，反之，我要聚焦的問題是群體中的人要具備哪些技能，才能孕育出讓團隊立足並興盛的文化：

「要如何才能成為最好的神隊友？」
「你要怎樣做，才能讓團隊和主管的人生都更加美好？」
「你在沒有人領導之下可以展現哪些行為以協助任務成功，就算你不會因此獲得讚賞也沒關係？」

這比較像是實際上的龜型人心態，和兔型人剛好相反，後面這種類型的人比較會問的是：「我要怎麼樣才能主導大局，好讓局勢對我最有利或讓我獲得權力以統御別人，或者讓我能夠成功完成任務再次獲得認可？」

就因為這兩類人的差異，我才會想在這裡多花點時間，讓你理解任何團隊架構中總是會有不同的動態在交互作用，團隊裡一定要在龜型人和兔型人的影響力之間求取平衡。不同的人之間影響力的動態有任何變化，都會影響到整個團隊的凝聚力，而且最可能影響到的是成功完成任務的機會。

如果你是團隊裡的龜型人，你在團隊動態下的自我定位是什麼？你要安靜而被動地面對身邊兔型人的要求嗎？當然不是。龜型人務必要有耐性，接受共事兔型人本來的模樣。這些人通常都是很有幹勁的創造型人物，你不可以壓制他們，而是要讓他們好好發展。因此，刻意給他們工作的空間和自由並不代表放棄控制和影響力，而是要有好的團隊合作。

龜型人的決策通常比較偏向以經驗為根據，而不像兔型人天性比較憑藉本能。很多情況下靠經驗比較有利，但當有壓力或是缺乏溝通作為決策基礎時，應該畫一個範疇給兔型人，讓他們在決策過程中發揮重要影響。

當龜型人是被兔型人管理的一方，龜型人的重點是要明白被動和順服是兩種不同的態度取向。龜型人可以善用經驗以及更理性的天性，成為決策過程中穩定局面的影響力，「從下而上」管理兔型人。同樣的，選對時機和地點傳達這樣的訊息很重要，但這也早已經是龜型人的第二天性了。

不去約束兔型人，任憑他們在團隊裡騷亂，很少會是好狀況，這是因為以組織來說，在兩種「族類」之間維持平衡是很重要的事。同樣的道理，放手讓一群都是龜型人的人一起工作，結果很可能是創意和活力水準都比較低。

現在我們已經理解不同的團隊動態，也認同了要培養龜型人團隊文化的理論，就讓我們來看一些實作步驟，讓你馬上成為出色的龜型人神隊友。

你要一肩扛起落實這些步驟的責任，不要等別人出來領導、跟著人家的腳步走。就算你沒有被任命為領導者，你也要成為耀眼的典範，激勵別人。基本上，你就是在做任何經理人都想要看到，以及每一位團隊成員都希望能參與的行動。採取這些行動，對你來說只有好處。

第一步：接受差異

團隊裡的成員都要接受彼此的特點。每個人都有一些不同的怪癖、習慣甚至品味。如果心態有誤，這些差異就會引起摩擦。你不用大聲讚揚每個人的差異，只要耐心相待就可以了。你要接受一件事：就你來看，別人和你不一樣，你對他們來說亦如是。

第二步：傾聽彼此

你們必須互相徵詢。讓你撐過艱辛時刻的，不一定是討論所有議題的大型正式團隊會議，很有可能是走到車站路上、午餐時、在酒吧黃湯下肚時和隊友深聊的那十分鐘，或是要去開會前路上相遇時的兩分鐘對話。你會發現，傾聽、讓同事盡情說出他們的恐懼、沮喪、想法、夢想，之後得到對方同樣的尊重，很多問題都能防範於未然。你這樣做，是將自我管理推到整個團隊。

第三步：坦誠相待

以我合作過幾個最強大的團隊來說，他們奉行的座右銘之一是「對內坦誠，對外強大」。關起門來，就當然一定要坦誠相對。事實上，我做過最讓人不安的練習，就是繞著會議桌，和整個團隊面對面，告訴每個人有哪些事情是他們可以改進的，或者他們做的哪些事沒有發揮效果。「對外強大」這一面，是優質團隊非常讓我敬佩的一面，馬上就說明了這個團隊的一切。他們會為了彼此奮戰，他們「掩護對方」，絕對不會因為外界的批評而受影響。曼徹斯特聯隊（Manchester United）的傳奇經理人亞歷克斯．佛古森爵士（Sir Alex Ferguson），和媒體談話時永遠捍衛自家的球隊，但你一定想得到，一旦回到更衣室，他絕對會讓球員清清楚楚知道他對於球隊的表現怎麼想。

第四步：善用幽默

我在過去幾年學到了一個技巧，就是把幽默當成是一項絕佳的回饋工具，尤其是針對艱難的主題時，遠勝過一開始就斥責對方。就以遲到為例。某個人第一次開會遲到，團隊適合的人可以用比較柔性的方式來處理這個問題，例如講幾句：「喔，看到他囉！」或是「你終於想通來和我們開會了喔？」當然，如果是累犯，就要比較嚴厲一點。

第五步：聽見訊息

人們都太輕忽傾聽隊友心聲這種能力了！你必須傾聽，才能聽到。等別人講完他們要說的話你才開口，這件事很簡單，卻是優質溝通裡很重要的作為。這樣你才比較有可能聽到他們說什麼，把訊息聽進去。

第六步：給予讚美

在正面樂觀與充滿支持的環境下工作，會比較有生產力。通常來說，快樂的人能完成的工作比較多。我會用到的技巧之一，就是出其不意讚美隊友。要讓效果更好的話，你可以故意擺出一副嚴肅的表情把他們叫過來，等到人來，你就對他們說雖然別人可能沒看到，但是你注意到他們做了什麼什麼，表現得太好了。相信我，這真的是激勵同事的極有力工具，對那些最近狀況不好的人來說特別有用。

第七步：始終忠心

忠心耿耿。我之前就講過好幾次了，因為這真的很重要。當同事知道就算他們不在場，你也會捍衛大家，非常有利於培養信任與建立強韌關係。要讓其他的團隊成員看到你這麼做。我也要講，反之亦然。如果有人聽見你對團隊以外（以及內部）的人講別人的壞話，大家就會認為你不忠實、不值得信任。忠心真的比較好！

在團隊環境中的兔型人

二〇〇二年，怒氣沖沖的曼徹斯特聯隊隊長羅伊．基恩（Roy Keane），在世界盃八強賽備戰期間走出了愛爾蘭國家足球隊的訓練營。基恩力抗萬難，率領愛爾蘭隊取得資格，踢進由日韓兩國共同主辦的二〇〇二年世界盃足球賽。愛爾蘭上一次在這場盛事中打進最後階段，已經是很久以前的事了，如今在宛如護國大將軍的隊長帶領下，愛爾蘭舉國沸騰充滿期待。然而，供愛爾蘭國家隊使用的訓練場地與設備標準出了問題，基恩也開始對領隊米克．麥卡錫（Mick McCarthy）愈來愈不耐。

前者認為，球隊使用的設施應該等同於他在曼聯隊慣用的水準（曼聯隊可是英國和歐洲足球運動的人才庫），據說基恩在球員以及國際媒體眼前對麥卡錫施暴，然後飛回家（沒有人知道這是不是他自己做的決定）。如今回首過往，這位愛爾蘭隊長深感遺憾；能代表自己的國家領軍踢進世界盃，可是足球員一生能取得的最光榮成就之一。如果你看看基恩在曼徹斯特聯隊時的佛古森爵士，他採行的是有名的自主領導風格，只會用「吹風機狂吹」（hairdryer treatment）球員（意指只在私下場合指責球員），從來不會有這樣的問題。基恩顯然非常尊敬佛古森，他們也配合得天衣無縫，非常成功。這種關係一直到佛古森覺得基恩該離開曼聯隊，這兩人公開交惡到再也回不去，基恩上場踢球的生涯也到了盡頭。一旦兩個兔型人不再尊重彼此，就會衝突扞格，絕對不會有好結果。

孕育龜型人團隊文化的練習

若想知道身為團隊成員的你處在什麼位置，你可以根據前述的七項成為團隊好成員行動步驟，自己做一次簡單的雷達圖演練。這是找到盲點的好方法。如果你可以請其他隊友一起做並分享他們的結果，那會更好。

（一）利用七項成為團隊好成員的原則畫出一張雷達圖，在圖的外緣每一個角標上一項原則。現在，用直線把每一個角連起來，畫出一個七邊形。在七邊形內，再畫兩個比較小的七邊形，中間標「〇」，第一個和第二個小七邊形內分別標「一」和「二」，最外面的標「三」，參見下頁圖。

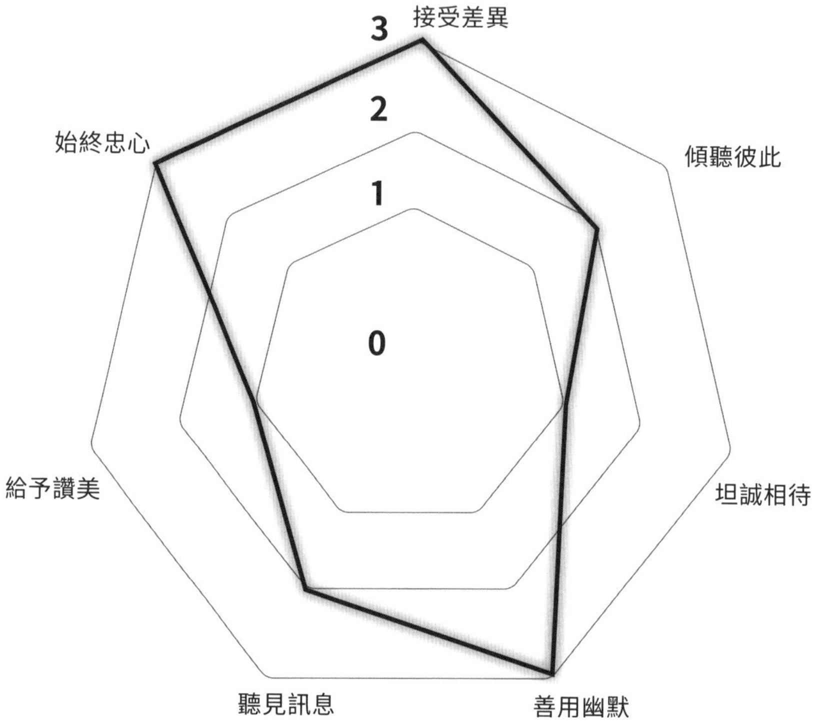
接受差異
傾聽彼此
坦誠相待
善用幽默
聽見訊息
給予讚美
始終忠心
3
2
1
0

（二）針對每一類別自我檢視，從一分到三分自我評分，然後把你的得分點連起來，完成演練。

（三）現在你就有了一個自身優點與缺點的示意圖，你可據此努力，盡力成為最出色的神隊友。這張圖可以記錄你每一次完成測試之後畫出的形狀，很容易比較你的發展軌跡。你畫出的形狀愈接近正七邊形，你身為隊友的優點就愈平衡，你愈接近最外圈的七邊型，你在團隊中的表現就愈好。

（四）如果你可以請同事一起做，建議可在團隊會議上拿出來討論，把這當成提升整體團隊文化的平台。

孕育團隊文化的祕訣

兔型人有明顯的優勢，因此團隊裡絕對需要這種人，但如果不加以管理，你就要付出痛苦的代價。

三、處理壓力

想像壓力的練習

使用本項練習來提高你在龜型人測驗中以下各題的分數：

- 當我處境艱難且身邊的人態度都悲觀負面時，我會看到情境中的光明面並傳達出去。
- 當情勢讓人沮喪而且我感受到極大壓力要我放棄，我仍會堅持去做。
- 我決意要做到傑出，並理解要付出很多痛苦的犧牲才能做到。
- 我或許動作慢，但我百分之百有決心要成功。

壓力有各種面貌，而且對每一個人來說也有相對程度之差。對有些人來說，讓家人豐衣足食的壓力，與執行長努力達成企業季度目標的壓力不相上下，甚至更大。那麼，用什麼方法處理壓力最好？這就像你為了運動競賽甚至商業會議做準備一樣，有很多事都要練習，才能做好準備從容應付隨時可能出現的壓力。

第一步：在心裡放一些讓你刀槍不入的話語

思考一下如何在心裡面放一些讓你刀槍不入的話語。寫下來，真正把這些話講出來，讓這些話嵌入你的腦海，壓力來臨時可以拿出來用：「我有絕對的信心，我知道我拿出最好的能力去做我的工作，不去在乎結果會如何」、「我把我的工作做得很好」、「無論結果是好是壞，過程都是一樣的，我會從中學到心得，並擬出新計畫」。

第二步：想像情境

如果你是先思考自己的行為，你就會希望針對每一種情境擬出一套計畫。「如果發生這個或那個，我希望自己怎麼做？」運動員有清楚的想像可以在表現上帶來很多好處。舉例來說，當足球員想像自己在罰球時得分，他們很可能會精準地去想該把球放在哪裡、會用什麼技巧踢球，以及當他們跑出去踢球時會怎樣呼吸，甚至會想到怎樣慶祝進球。你也必須用這種方式來想像壓力情境，但要確定你同時針對正面成果以及可能的負面後果做了準備，這也很重要。

第三步：泰然自若

水面上的天鵝很優雅，但是水面下牠們會拚命划水，同樣地，你也必須在高壓情境下養成泰山崩於前而色不變的本領。「同感」因素在這裡也會發生作用。在需要全神貫注的情境下，你不會想要顯得很隨意、很無感，就算你感受不到，你也會想表現出集中、正面和一切都在掌控當中的樣子。下一次你身處在緊張壓力之下時，如果有可能請事先做好準備，並注意你自己顯現出來的樣子。作法可以很簡單，比方說看看你的坐姿、提醒自己要維持眼神接觸以及不要坐立難安或誇張地比手畫腳。你也可以再進一步檢視自己的呼吸，減慢速度並控制動作。就像其他技能一樣，這也需要練習，然而，開始意識到這些事能帶你走上正確的道路。

第四步：練習建構

之前，我在本書裡談過人類面對威脅時會有不同的反應行為，例如對抗或逃跑，我也提到一點「建構」。處於壓力時，是最適當的建構情境時機。穩住你的立場，什麼都別做，等待，觀察，最後才決定要怎麼反應並實際行動。太多人在面對高壓時非常恐慌，於是採取了反射性的因應行動，這代表了壓力已經掌控他們，影響到他們的表現，練習建構，並培養出信心以穩住立場。你愈常做，力道就會愈大。

面對壓力時的表現

以我的工作來說，球員的體能表現與球場上的成績就是壓力所在。當我看著他們出賽時，我的情緒就像懸在刀尖上，腎上腺素也不斷狂飆。要負責帶領球員完成整套體能訓練，確認他們拿出最好的一面來做練習，當然會引發一定程度的壓力，面對知名運動員時尤其明顯，但我的壓力最大時還是比賽如火如荼的當下。然而，當安迪．墨瑞二〇一三年打進溫布敦男子單打決賽、為了這場比賽做熱身練習時，我全身上下的神經可以說都在驚聲尖叫，當中牽涉到的利害關係極大，讓我完全招架不住。安迪熱身練習有一部分和我有關，我要丟球給他，檢視他的反應，這是我倆都很熟悉的例行公事。然而，那天我把球丟得到處都是，很少命中預定的目標。還好，安迪在壓力之下表現出色，他走出去比賽，拿下冠軍頭銜。之後，我們經常拿這場熱身練習開玩笑。

在心裡預放話語的練習

這是我在面對艱難時刻最有效的工具之一。手上握有我放在筆記型電腦或是手機裡的肯定話語，讓我可以回頭去看看，當成我在面對壓力時穩定自己的一個錨，對我來說受益匪淺。

我的建議是，在平常沒有壓力的時候就把這些話寫下來。要正面思考很困難，當面臨壓力或他人的質疑時，更是困難。你寫筆記時要盡可能具體、盡可能清楚，並且盡可能寫下你想到的所有話語。你永遠不知道哪一句話會在哪一種情況下觸動你的心弦。也要確認你有注意到哪些是事實、哪些則是你相信會成真的事。比方說，你對自己說「我是團隊裡非常善於處理數字的人」，如果你其實並不是，這也幫不了你。

這些肯定的話長期會有變化，也應該如此。你會刪掉在壓力情境下讀出來也無法幫助你的話，當你有一些新特質或創造出新成就時，你也會加進來。請妥善保管這些筆記，你自己看到就好，一定不能讓同事和主管看到，別人可能會解讀成你愛誇耀甚至很自大，沒有人會想看到你在職場上神氣活現提醒大家這些事。這些話是你要讀給自己聽的，在艱難時刻，你需要用這些光明面來提醒自己。

你的劇本裡的肯定話語，應該講到你擅長於做你的工作，並提醒自己你的龜型人價值作為佐證，並以你身體力行的時刻作為範例，例如「沒有人比我更認真工作」或「我已經證明我的堅毅，撐過之前的組織重整」。

（一）列出你擁有的重要成就與成果。

（二）列出別人的感謝與稱讚，尤其是前輩明師或經理對你說過的話。

（三）再次確認好的價值觀以及你的努力，例如「我竭盡全力做好我的工作，能達成每一個人的要求」、「以正面樂觀看待未來」、「我能保持客觀，把情緒和情境隔離開來」、「我得到這份工作，是因為有人相信我以及我的工作能力」。

（四）提醒自己，無論工作上發生什麼事，有人愛你，你身邊有很多很關心你的好人。

（五）過了一個星期或一個月，大家都會繼續過下去，把心思完全放在別的事情上，你也一樣。「這種時刻終會過去」。

因應壓力的秘訣

你花愈多心力針對緊張壓力做準備，你的自我整備便更充分，就更能面對這樣的情況。這些時間並沒有被浪費，都拿去好好投資了。

四、面對失敗

使用本項練習來提高你在龜型人測驗中以下各題的分數：

- 當我處境艱難且身邊的人態度都很悲觀負面時，我會看到情境中的光明面並傳達出去。
- 當情勢讓人沮喪而且我感受到極大壓力要我放棄，我仍會堅持去做。
- 我或許動作慢，但我百分之百有決心要成功。

在現代，大家都同意人生免不了失敗，而且人要能不斷茁壯，唯有靠著重複失敗，事實上，我們的立場甚至來到很極端的地步，我們要求自己讚頌失敗，因為失敗教會了我們很多事。我同意這樣的哲學。但即便如此，任務失敗還是會讓你很難過，團隊一起做一件事然後失敗，更是難受之至。我自己也有很多失敗經驗，以下是我從中學到的最佳面對失敗方法。

第一步：要面對，不要躲

不管是更衣室還是辦公室，開會的時候要出現，要讓人看見。在艱困的時刻，你為了其他人站出來、其他人也為了你站出來，就已經幫了大忙了，甚至不需要多說什麼。你這個人現身已經是一種安心保證，展現團結，也是一個很好的重新開始出發點。

第二步：變得更強大，捲土重來

只要時機適當，就啟動變得更強大、捲土重來的計畫。踏出這一步的適當時機點很重要，你要容許別人為了損失或失敗哀傷，在這個時候，培養出情境中的「同感」非常重要。

展開計畫要挑時機；遭遇大敗之後，有人馬上走進更衣室激勵大家說：「唉，別想了，我們會愈來愈好。」也有人會一個星期都不講話、任憑負面想法引發痛苦，開始做新計畫的時間就界於這兩者之間。計畫裡應該要有某些問題的答案：「我們犯了什麼錯？」、「我們學到什麼教訓？」、「我們的弱點在哪裡？」、「我們的計畫有哪些部分進行得很順利？」、「這次失敗會招致什麼結果，我們要怎麼做才能把衝擊降到最低？」表現出龜型人的堅毅，將是你能展現的最好價值觀。

經歷失敗

無論是在為了特定目標而做訓練的日子還是比賽當天，每一位運動員總是會在某個時候經歷失敗。看看我投身的運動項目，即便是有史以來最偉大的網球選手也會輸，而且還輸很多！我在寫作本書時，費德勒總共贏過一千兩百四十二場比賽（這是了不起的成就），但他也輸了兩百七十一次。小威廉絲贏過八百三十四場，輸了一百四十四場。她的勝負比幾乎達到六比一，但就算有這麼多勝利，她也輸過很多場。我的重點絕對不在於詆毀這些傳奇人物的網球生涯，我只是想說，就算是最出色的人，也不會每次都贏。更重要的是，他們知道如何放下失敗，從失敗當中學習然後繼續向前邁進。或許正是因為這樣，他們最後才會有這麼大的成就。

第三步：擔起責任

我發現，自願擔負起犯錯的責任，可以鼓勵他人起而效尤。但你不會希望每次都是你這麼做，也不希望只有你這麼做。最好的說法如下：「請聽我說，我反省了一下結果，我必須承認我犯了某某錯誤，我也會負起責任，各位覺得呢？」

第四步：消化情緒

讓大家在一個互相支持的環境中抒發，不要馬上跳到防禦模式，是很重要的事。消化資訊、在表達資訊的背景條件下檢視就好，要容許大家情緒高亢。此時你要想到我們之前講過的壓力剋星型龜型人格特質，這種人冷靜且體貼，會提供過去的經驗，同時指出長期或大格局的觀點。

第五步：期待更好的時候終會來臨

要知道失敗就跟壓力一樣，也會過去。我一開始就說過，經歷失敗之後，你可以預期自己下一次變得更堅強、更明智、準備得更充分。更好的時候就在不遠處。

想像失敗練習

假設你的年度績效考評結果很糟，你前一年的表現不好，沒有達到主管設定的標準。你可以這麼做：

（一）人要出現，而且要人在心在，展現正面肢體語言。和主管眼神接觸，坐姿端正。在評鑑接下來的幾天與幾週內，上班時要表現出同樣的正向肢體語言與精力。要讓大家看到你沒有被壞消息影響，而且你還付出加倍努力。這就是面對真正的意義。

（二）開始做改善計畫，明年才不會又出現同樣的結果。你可能需要哪些額外的訓練？以你工作中的具體面向來說，有沒有比較成功的同仁可以成為你效法的對象？你可不可以為自己設定每一週或每一個月要達成的短期目標？建議你更常和主管會談，看看你在這些方面有沒有進步。

（三）針對不如人意的部分擔起責任。這不代表你要順服、為了你前一年的工作表現道歉，而是說你要承認你需要改進。用成熟的態度從你決心要進行必要調整的部分開始，展現你的力量。

（四）傾聽。讓主管給予你回饋意見，不要打斷。有必要的話，讓他們發洩。維持眼神接觸，確認他們知道你有在聽。

（五）要知道這一切都會過去。不管發生什麼事，明天又是新的一天，不管怎麼樣，你還是必須起床，投入你全副心力。你要知道，如果你做到這一點，好時光就在前頭了。

面對失敗的秘訣

在真正失敗之前先想想失敗是怎麼樣的、你會有什麼感覺，在面對失敗時會比你毫無準備、直接反應來得有用。

五、迎接成功

想像成功練習

使用本項練習來提高你在龜型人測驗中以下各題的分數：

- 無論是在會議中、午餐時的輕鬆談話或是和朋友通電話，我在任何時候都帶著信心來談我真的很在乎的主題。
- 就算要花很多時間才能有所成就，我也會等待我想要的成功。
- 我或許動作慢，但我百分之百有決心要成功。

當成功到來（終究會的），你一定要確定自己有花時間用你想要的方式好好享受，為了迎接成功做計畫更不是什麼奇怪之事。你在哪裡、和誰、怎麼慶祝你的成就？知道這些問題的答案，會讓成功在你心裡變得更真實，而且更讓人興奮。看看不管是壓力、失敗還是成功，都有模式。有一點很確定：成功和失敗一樣，也終究會過去，你還沒有意識到，下一個挑戰又出現了。目前的成就終將成為過去式，也因此，你更應該確定你有讓成功發揮最大功效。

第一步：享受成功的時刻

你要享受成功的時刻，但不一定要繞著整個辦公室跑來跑去，高興地雙手揮舞、大喊大叫，事實上，剛剛好相反。你的肢體語言可以和你在面對失敗時一樣（坐直身體，冷靜，眼神接觸時帶著善意），還有，很重要的是，要謙虛。即便如此，你還是可以在心裡盤算等一下要如何和家人與朋友一起慶祝！

第二步：計畫做到更好

就像因應壓力或面對失敗時一樣，一旦時機適當，就要開始計畫你要怎樣才能更上一層樓。如果你心裡已經有一些想法，你不會因為坐享既有的榮耀而滿足，這樣的心態就對了。成功也替你帶來額外的好處，可能是壓力少了一點，讓你有多一點時間去思考。在這裡的第一步與第二步之間達成平衡，是把事情做對的關鍵。以我自己來說，太常有的情況是我可能沒有花時間好好享受勝利，或者沒有憑藉這股動能善用成功的好處。最出色的人總是會想要做得更好，運動界常有人說，如果你不進步，就代表你原地踏步，如果你原地踏步，就代表你在退步。

敦促自己達成下一個目標

我還記得，安迪．墨瑞在二〇一六年倫敦大師盃總決賽（ATP Masters Finals）最後一場比賽中打敗喬科維奇，贏得世界球王的寶座。當我走回更衣室去找安迪的教練兼明師伊凡．藍道，他已經在為下一個球季擬策略、做計畫。安迪才剛剛成為世界最佳網球選手，但伊凡卻不滿足。一般人達成這麼了不起的目標之後可能會先休息一下，但伊凡先想到的卻是未來如何主宰網球界，要怎樣做到更好。這對我來說是很寶貴的一堂課，也是偉大領導的範例。

第三步：表彰他人

成功時要謙虛。你要做的是把功勞歸給別人，而不是領受。你的表現很出色，大家都會知道，說給每個人聽你有多棒，只會造成反效果。表彰他人的貢獻，力道會更強。你在讚美這一路上幫助過你的人時，不管是你的主管還是其他同事，都要說得很具體。你希望別人也這樣對你，所以你要成為這樣對別人的那個人。

成就滾雪球練習

你可能聽過滾雪球效應可以讓小小的成就不斷擴大，因此，請現在就訂下一個目標，每天做五件有利於達成目標的事，不管多小都可以。明天一樣也再做五件事，每天都這樣做，持續一個星期。我向你保證，過完七天之後，你會更有信心能達成目標，而且你也累積出了一些動能。還不只這樣，你也會覺得自己好像已經有了一些成果。

假設你每個星期朝著目標走三十五步，一個月下來你就走了一百五十五步，一年下來，則是一千八百二十五步。想像一下，如果經過十年，你能達成多麼偉大的目標？憑著這樣的堅心決意，有什麼事是你在這麼長的期間內做不到的嗎？可能沒有。我很願意跟你打賭，高成就人是每天會做出加倍的好決定，無怪乎他們都能有偉大的成就。因此，請記下你每天朝向設定目標走去的每一步，可以是去找出電子郵件聯繫這一路上能助你一臂之力的人、提早起床半小時做點研究，甚至是做點運動以強化你的活力和美化你的外表。

迎接成功的秘訣
記錄你的進步，提醒自己你已經做到了哪些事，這樣可以給你信心與動能。

六、多往前布局兩、三步

使用本項練習來提高你在龜型人測驗中以下各題的分數：

- 我同意用慷慨的精神待人接物不管在任何情況下都是獲得正面結果的最佳方法，也會讓人覺得更舒服。
- 就算要花很多時間才能有所成就，我也會等待我想要的成功。
- 我打持久戰，因為我對自己有信心，相信一定會成功。
- 我很樂於花時間以贏得人心，如果一開始沒人注意到也沒人欣賞我的好表現，我也並不在意。

要能長期擔任某個職務，就要有看出未來會怎麼樣，並預測部門或組織未來走向的能力。具有這種能力，你就可以接下讓你夢寐以求或是能提升你成功機會的位置。之後，你可以在不同情境下配合利害關係人去調整自己。

第一步：要靈通

對於環境的內部情勢發展要靈通，這一點很重要。這不只是去聽去講閒言閒語，而是要耳聽八方，察知未來的變革、新設立的職位或是會影響到你的架構與管理上的變革。

第二步：培養關係

和同事培養關係，讓他們願意和你分享重要的資訊，這在各種情況下都能助你一臂之力。知識就是力量，取得和最新政策、策略相關的最燙手內幕消息，能讓你做好準備面對未來的情境，比方說組織架構變革與升遷，對了，甚至連流言蜚語都有用。成為公司裡的龜型人（值得信賴、忠心耿耿、可靠實在），在這方面對你來說會有幫助。

第三步：適切調整自己

在討論與辯證的場合中，會凸顯出你所在環境中主要有影響力的人是誰。當中會有一些極具爭議性、不受資深管理階層青睞的人，這可能代表他們不會在公司裡久待，如果你配合他們來調整自己，可能不是好主意，因為，當他們離去時，這麼做很可能置你於險境。另一方面，安全穩定的影響人士如果不是大家眼中機動性夠高、更強大的人，很可能被排除在部門變革之外，如果他們離開，你也同樣要面臨險境。因此，在組織人生的千變萬化動態中，千萬仔細思考你要支持哪一位團隊成員。

第四步：保持聯絡

外部環境、你的行業別甚至國內政黨政治動態都要學著點，這些都是很重要的元素，幫助你理解與預測未來會怎樣。另一個好辦法，是和在同一個產業工作的同業保持聯絡，就算是國外的對手公司員工也無妨。在不洩漏商業機密的前提下，盡量抱持開放態度與他們分享消息，也可以引發出你想要的資訊。

當兔型人採用了龜型人的策略

拳擊界的傳奇人物穆罕默德·阿里（Muhammad Ali）採用了龜型人的策略，他會往前規劃好幾步，這麼做的成效極佳，在他的事業發展後期尤其明顯。一九七四年，他要在薩伊（Zaire）和喬治·福爾曼（George Foreman）進行知名的「叢林大戰」（Rumble in the Jungle），之前阿里先看過福爾曼的比賽影片，看他如何撂倒喬·弗雷澤（Joe Frazier）六次，拿下重量級拳王的名號。他觀察到福爾曼常會把手放在場上的圍繩上休息。阿里說：「他沒耐力。我要等，讓他聽到比賽進行到第六輪、第七輪、第八輪！」阿里所用的戰術，現在稱為「倚繩戰術」（rope-a-dope）策略。

他的第一步，是倚在拳擊場上的圍繩旁，退守、躲避，閃過福爾曼最猛烈的攻擊，他知道自己必須比對方早兩、三步。阿里自己靠在圍繩上，化解了福爾曼最強力的武器，成功將他累倒。在這場拳賽的後半，阿里準備好走第二步，揮出刺拳和右直拳反制。阿里的最後一步，是在第八輪擊倒福爾曼。阿里顯然很清楚，他必須經歷短期的痛苦才能獲得長期的利益。他堅守策略，以毫不動搖的信念往前多布局好幾步，終於獲得拳擊史上最偉大的一次勝利。

做做看以下的想像未來腦力激盪練習

為了幫助你盡可能預做準備以面對未來，本項練習考慮到每一種可能的情境，以及有多可能或多不可能發生在你身上。你要畫出一張心智圖，納入所有你認為未來在職場上可能碰到的狀況。在想像情境時，可以盡可能有創意，天馬行空。同樣的，本項資料務必只給你自己看就好。

畫出四個圈（就像蜘蛛的身體一樣），標示著「團隊未來」、「部門未來」、「公司未來」和「產業未來」。接著，腦力激盪一下，想一想你認為會發生的情事，在蜘蛛身體上加上腳。以下每個標題下方有一些想法，你可以作為起點。

團隊未來：主管受到拔擢／離職；被邊緣化的團隊成員離開；表現出色的團隊成員受

到拔擢；團隊出現摩擦；團隊擴張。

部門未來：在公司內更加重要；部門在更有機會的條件下擴大；裁減；不同類型的工作方向／重點出現變化；更換主管。

公司未來：贏得／失去重要的新合約；獲得資金挹注；收購對手公司／遭人收購；更換管理階層；簡化公司組織；換地點；工作重心改變。

產業未來：過時；擁抱科技進步；改為以網路為基礎；需求更大；全球經濟走下坡；全球市場變化（轉為牛市或轉為熊市）；國家或國際政府政策轉變；暫時風行／退流行（出現泡沫或泡沫破裂）。

替蜘蛛加上腳時，順序上要從一隻腳繼續擴張，一直到你針對這隻腳寫完所有可能的狀況。如果有三種可能結果，那就加三隻腳，然後針對每一隻腳寫出所有可能的狀況。

你最後會得出的，應該是一張很大型的表，上面列出了可能影響未來事業的每一種情境。更重要的是，你已經花了很多時間，去思考自己要如何往前多布局幾步。你不只檢視

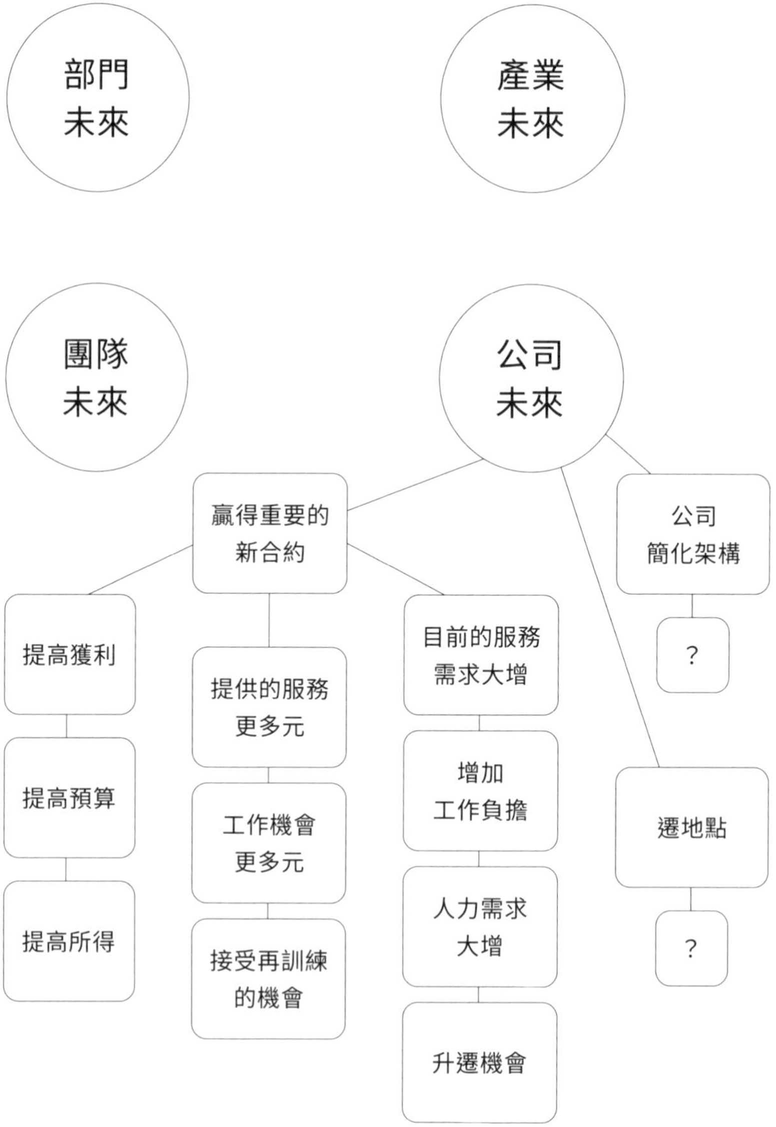
部門
未來
產業
未來
團隊
未來
公司
未來
贏得重要的
新合約
公司
簡化架構
?
提高獲利
提高預算
提高所得
提供的服務
更多元
工作機會
更多元
接受再訓練
的機會
目前的服務
需求大增
增加
工作負擔
人力需求
大增
升遷機會
遷地點
?

了你的小環境情境，也看了每一種你想像得到的產業環境變動，想到了可能的漣漪效應。

現在，把這些情境牢牢鎖進你的潛意識裡，開始針對在你控制之下對你來說最有利的因素做調整，並為了你可能無力掌控的未來大局情勢變化預做準備。

替未來做規劃的秘訣

有備則無患，要考慮到每一種你想像得到的可能情境。

七、管理變革

使用本項練習來提高你在龜型人測驗中以下各題的分數：

- 我打持久戰，因為我對自己有信心，相信一定會成功。
- 我決意要做到傑出，並理解要付出很多痛苦的犧牲才能做到。
- 我兢兢業業，並做好準備每天都要努力不懈。

龜型人在變革期間很有優勢。在壓力之下仍能有所表現、成為大家眼中堅強的人、矢志不移、正面樂觀以及有耐性等特質，將會讓人印象深刻。其他人可能會情緒高低起伏，以本能直接反應。你的任務是，要正面樂觀並在事前表現主動。以下是我提出的方針，可以導引你在這方面成功。

這裡的大原則是要控制你能控制的。有很多事你完全無能為力，主要是決策和其他人的反應。在第四章，我談到站穩立場能帶來的力量，管理變革時當然也可以套用上去。這裡要做的每一件事重點都是不要以直覺做出反應，不要亮出底牌，要喜怒不形於色並靜心等待。

但願，你會看到變化，並配合可能是最好的利害關係人來調整自己。一旦變動直接影響到你，你在所屬產業大環境裡也有適當的人脈，可以啟動備用計畫。在這段時間，做好準備可以讓你躍上一直都希望擁有的優勢地位。

第一步：保持正面樂觀

你一定要保持正面樂觀的心態。請擁抱變化並看出變動帶來的機會。順勢而為，不要抗拒，無論結果是什麼，你最後都會領略到這次經驗中比較好的那一面。

第二步：行事要有策略

如果你的職務要承擔一些管理責任，尤其如果你是中階經理人，你在策略上必須明智行事。提出任何組織重整的意見或建議之前，先等一下，聽聽高層的人對於現況有何說法。要知道上面很可能已經做出了決定，你還兀自亮出底牌，很可能會削弱自己的立場。

第三步：從企業的角度來思考

如果高層徵詢你的意見，要從對企業最好、而不是對你自己最好的出發點來提出建議。如果你的想法或建議暗指你想步步高陞，那你的想法會被忽視，同樣的也會削弱你的立場。

第四步：明智選擇

要誠實，但是要明智挑選戰場，只在你真心認為走向錯誤時才加入戰局。舉例來說，如果你認為特定的討論直接關乎你會不會丟掉工作，你要盡可能以客觀、理性但熱烈的態度參與對話。長期來說，展現這些特質，你最終還是能以其他方法保住你的工作。

第五步：管理心態

要對你管理的部屬溝通時，要盡量花時間和團隊相處。這表示你要讓大家都看到你，並不斷傳達正面樂觀的態度。不要承諾你做不到的事，不要用負面語言批評新的架構，不要表現出你自己的恐懼或質疑。多傾聽，讓大家能抒發，不要批判，提供一個讓他們安心說出疑慮的地方。可能的話，要讓大家看到你有在處理這些疑慮，這一點對士氣來說很重要。最重要的是，要讓他們以正確的心態針對變動做好準備。到處都會看到投機分子，要接受這是過程中很正常的一部分，但要嚇阻，而且絕對不要同流合汙。

變動是好事

草地網球協會是英國網球運動的主管機關，當我在這裡任職時，我經歷過由不同的執行長執行的兩次徹底體制變革，隨之而來的是組織結構重整以及中階管理階層更替。這些時候，我兩度離開原本的工作地點，去和許多不同的同仁共事，換過的合作球員更是不計其數。離開那一群我在體能學員培養了五年的青少年選手，仍是我的專業生涯中最讓我揪心的經歷之一。

我在運動主管機關工作了十餘年，一開始擔任入門級肌力與體能訓練教練，後來成為全國性教練部門的主管。至於我和安迪．墨瑞的合作，期間我大約和十五位不同的體能團隊成員共事過，包括四位「超級教練」和三位日常教練，他們都用不同的方法操作，以自己獨有的方式面對比賽。我剛開始是傑斯．葛林的助手，擔任專業選手入門級肌力與體能訓練教練，後來也變成安迪表現支援小組裡的主管。我約有七年的時間同時為這兩位雇主效命，很多變動時間上都有重疊之處。我一度必須重新跑一次應徵流程，也度過第二次的重新洗牌。無庸置疑，這些都是很緊張的時刻，但長期來說都為我帶來更好的結果。

管理變革練習

有很多方法都能引導你的團隊去思考變革，我找到一種很快就能收效的方法，也可以變成例行近況匯報中的一部分。

（一）會議一開始，先要大家交抱雙臂，直到你要他們放下。然後開始像平常一樣開會。

（二）大約五分鐘後，請大家安靜，並要大家把雙臂放開，然後再用相反的方式交抱。

（三）很可能有很多人笨手笨腳，不知該怎麼擺，大部分的團隊成員會都對於應該怎樣做此一簡單練習感到苦惱。

（四）利用大家的困惑和笑聲，導引出以變革為題的對話。一開始先問大家，當你請他們用相反的方式交抱雙臂時，他們有什麼感覺？他們會覺得自然而然，還是覺得很困難必須想一下？

（五）繼續討論其他問題：他們會勇於嘗試不同的方法嗎？如果正是這一點讓他們抗拒改變，除此之外，還有其他嗎？

> **管理變革的秘訣**
> 變革無可避免，變革是唯一不變之事。要保持正面樂觀，而且行事要有策略。

八、管理衝突

使用本項練習來提高你在龜型人測驗中以下各題的分數：

- 同事不在場時有別人說他們的壞話，我會挺身而出。
- 當我處境艱難且身邊的人態度都悲觀負面時，我會看到情境中的光明面並傳達出去。
- 當情勢讓人沮喪而且我感受到極大壓力要我放棄，我仍會堅持去做。

我必須承認，我在生活中最不喜歡的事情就是起衝突，但這種事免不了。對我來說，衝突有兩種：預謀的和意外的。第一種衝突會以幾個方式出現：你必須和別人對質並表達不滿，或是正在表達不滿的人要求和你碰面。這兩種情境的共同之處，就是你事前就知道有事會發生。第二種的衝突是天外飛來的，因此你當下只能直覺反應，這有可能是交通事故或是團隊會議上的爭執。完全的意外。路上、停車場、超市、大眾交通系統、酒吧以及如今的社交媒體上，都是會發生這類爭端的常見場域。

第一步：想像化解問題

不管是哪一類的對抗，重點是盡量減少情緒面，有一個方法是想像（在事前以及在事發當時兩者皆可以）你是老天爺或是第三者的視角來看整個場景。想像會議室裡的情況，想像你從天上俯瞰爭執，甚至想像你的某兩位朋友正在吵同樣的架。之後，想像一下你變身成調停者要調解房間裡的這些人。你會對他們怎麼說？最公平的結果是什麼？他們兩方針對哪些方面提出主要論點？你不希望這場衝突走向什麼結果？哪些話是兩方當事人都不應該講出口的？哪些主題已經超過範圍了？

第二步：注意用語

針對你必須展現的肢體語言、語調甚至是自我克制程度預做準備。你可以觀賞短片，看看別人如何面對衝突，比方說警方或其他緊急事務服務單位的人如何做事，甚至是觀察酒吧和夜店的專業保鑣。法警、催債人員、停車場管理員在工作上時時都要管理衝突，因此，你也可以看看他們，練習模仿他們的反應，但是在你講的話中加入你所處的情境。

第三步：爭取時間，除掉芒刺

在一開始的聯繫之後，要冷靜地傾聽並認同對方所說的話，比方說你可以說：「是的，我懂你的觀點了。」不要打斷他們，只要傾聽就好，讓他們把話說完。如果他們的主張裡面有一些道理，你可以表達認同，道歉與感謝他們的回饋意見，這樣做可以替你省下一點時間也免得氣惱。這當然不見得每次都能解決問題，但偶爾試一試也無妨。

第四步：處理具體議題

一旦你認同對方的情緒並讓他們一吐所有怨氣，就可以用系統性的方法處理每一個問題點。對方條列問題時，通常會把最重要的問題放在最後才講，在情緒高漲的時候尤其是這樣，因此，你一定要讓他們把話講完，才能講到這裡。記下他們提出主張時的關鍵用詞和用句。覆述他們說過的話，能證明你有在聽而且也聽懂了他們的重點。對照與搭配肢體語言和語調，在這裡可以幫上忙。

第五步：適當時要妥協

多數衝突都起於意見相左或是價值觀扞格，而我發現，解決方法通常都是在兩方立場的中間某處。嘗試找出共同之處讓當事人可以向前邁進，是唯一的脫困之道，但當然，這必須兩方都有意願這麼做。就算你面對的是很具挑戰性的局面，你也要確定自己沒有承諾你不同意的事，尤其是和職場相關的部分。你僅能承諾會認真對待每個議題，並且會檢視每個議題，貫徹到底。設定務實地回覆當事人時間表，是正確的化解之道。最後，要確定你真的有做到，不然你下一次就會遭遇難度提高兩倍的對話。

意外的衝突

我年輕時擔任肌力與體能訓練教練，有一次我碰見一位和我合作的青少年選手在網球中心走廊哭泣，我問他發生了什麼事，他說他受夠為了成為世界級網球員要過的這種生活、這種壓力以及艱苦訓練，他想要退出。球員接著說，他不敢跟父母講這件事。我自然而然想要幫助這位年輕球員，自願在會議上擔任協調者，當晚稍後請這位球員和他的家長一起過來談談。我以為做父母的會默認孩子的困境，並同意他的決定，我錯了。

對話一開始，家長就開始生氣，因為他們投資了很多錢培訓孩子。他們犧牲了很多，不希望孩子因為一時衝動放棄網球生涯。身為會議室中的調停人，我完全僵住了。我根本沒有準備，沒想過這件事會變成衝突。球員看著我希望我給予支持和協助，但我什麼都給不了。還好，有一位經驗更豐富的同事經過會議室，看到了正在發生的事。他一定注意到我一臉茫然，所以過來救我。這場會議在很平靜的情況下結束，我們同意球員休息幾天，等他安頓好之後再回來和主教練團談一談。我永遠也忘不了這一場會議，我明白預先做好準備、預期在某些狀況之下會出現衝突有多重要，而且一定要有計畫去處理可能發生的事。

爲衝突預做準備的練習

你要能更站穩立場並妥善處理衝突，唯一的方法就是跳出你自己的舒適圈並多多練習。我並不主張引發衝突，但是，找找看你目前的生活中有哪些還沒有化解的問題，是一個好的開始。在以下兩種預謀的情境中，不管是哪一種，你都希望盡量做好準備。雖然本項練習讓人不快，但這也代表了事先思考衝突。

第一種情境：你自己主動和別人起衝突

↓挑一件事，你不太高興，但又沒有告訴別人你想要什麼。

↓規劃你的方法，想想看你要說什麼以及你要怎麼說。

↓認可自己的緊張感，或者，如果你特別惱怒的話，請認可你的怒氣。

↓想一想你之前寫下的話，要你自己進入那種「感覺」並用那種方式行事，例如「我想要感受到專業和公平」、「我要用冷靜體貼的態度行事」。

↓想像自己用客觀的態度引領局面，而不是仰賴情緒，要不然的話，引發衝突的結果可能不如你設想的那麼有建設性。

↓設定一個你最想達成的理想目標，以及一個你不得不接受的最低標準。

↓最後，盡量收集以事實為憑據的證據，以便佐證你的論點，如果衝突變成爭吵，你就必須靠這些資料才能保持客觀。

第二種情境：別人跑來和你起衝突

↓找一個生活中很可能很快就會出現某種歧異的領域。

↓你要知道，在此同時，你心裡想到的那個人可能會先來找你，如果是這樣，你就不太可能針對他們可能會拋給你的問題做好具體準備。

→然而，希望你能敏感察知自己的工作環境，並能提前布局兩、三步。

→如果你預測很可能和這位同事起衝突，何不盡快開始做第一種情境，這樣你就可以先踏出去，也不會靠直覺反應？

不管你的情境是哪一種，你要自問的大哉問應該是：「我希望自己在這樣的衝突中如何行事，以達到雙方都能友好地繼續向前邁進的結果？」我在這裡想到的，是像「冷靜」、「體貼」、「公平」、「果斷」以及「專業」這幾個詞，選出幾個你有共鳴的詞。如果你每一個都做不到，那麼，請回頭想想你之前面對過的局面，假設那時你有應用這些原則的話，情況會不會變得好一點？但不管是哪一種情況，最重要的可能是要爭取時間、消除芒刺，同時保持冷靜沉著。這樣練習下來，你可以在當場就重現之前提過的五步驟，因為這便成了你的直覺反應了。

管理衝突的秘訣

針對計畫好的衝突做了愈多練習，就愈能整備好自己，更善於處理計畫之外的衝突。

九、認真看待自己要做的事，但不用太看重自己

使用本項練習來提高你在龜型人測驗中以下各題的分數：

- 同事不在場時有別人說他們的壞話，我會挺身而出。
- 就算要花很多時間才能有所成就，我也會等待我想要的成功。
- 當情勢讓人沮喪而且我感受到極大壓力要我放棄，我仍會堅持去做。
- 就算在最黑暗的時刻，我的信念仍讓我保有勇氣並懷著使命感。
- 別人可以信賴我能用自己設定的極高標準完成任何任務。
- 我很樂於花時間以贏得人心，如果一開始沒人注意到也沒人欣賞我的好表現，我也並不在意。

你要努力做到在這一個面向上有一個真正的平衡。太看重自己的人，通常會惹怒他人，讓自己被邊緣化。不夠看重自己的人，則沒有信用。以我的經驗來說，對許多人而言，要轉型到中階管理階層，最困難的部分之一是要讓同儕與其他同事把你當成一回事，因為此時大家還把你視為少有經驗的資淺員工。一般來說，年輕時候，你多半用比較輕鬆的態度處事，初來乍到的新人不介意成為辦公室笑話的對象。多數產業都有開新人玩笑這種非

正式迎新慣例。我們在下一章談到不同事業層級所需要的軟性技能時會看到，只要在合理範圍內，這可以接受。每個人都要經過這個階段，試試看從中找到一點樂子，像烏龜一樣耐心熬過去。以下有幾個步驟，可以讓你在不同的事業階段在這方面拿捏出行為上的平衡。

入門層級人士在行爲上達成平衡的步驟

第一步：時間和經驗會為你贏來尊重，因此，請盡量把你的工作做好。大家會跟你開玩笑，通常是為了打破正式的藩籬並和你建立起連結。不給他們這類機會，也就代表你拒絕建立連結，這對於要以團隊成員身分工作的你來說不是好事。

第二步：培養出覺察能力，感知到職場玩笑的惡意面。你所處的環境中，可能會有些人故意藉由貶低其他團隊成員來抬高或維持自己在團隊裡的地位排序。若要反制，你可以在討論工作主題時表現出你嚴肅的那一面。堅定、體貼並精準地說出你想說的話。

第三步：在談到自己以及和自己有關的主題時，帶點幽默感。自嘲的能力被嚴重低估，拿自己開玩笑可以讓同事喜歡你。但是在談工作時避免這樣做，因為你很有可能因此變成笑話。

中階經理人在行爲上達成平衡的步驟

第一步：成為大家眼中謙沖自牧的人是好事。如果能建立起一定程度的非正式關係，員工會有比較好的反應。然而，在和團隊培養出互敬的工作關係這件事情上，你必須先培養出相互的尊重，接下來才是建立這種非正式的溝通橋樑。

第二步：注意對同事開的負面玩笑。有些人會因為新進同仁提出新構想而備感威脅，因為這種新人很可能晉升的速度更快。他們會用奚落作為手段，讓新人格格不入，最終的目的是要貶低新人的地位。你必須在某個時刻擺出強硬的立場。雖說領導者永遠都不可以扮小丑，但在適當的時機地點展現你的人性，有利於提升團隊士氣。

第三步：要當心，部屬可能會常常想要讓你加入非正式的對話，以建立起可能會影響決策或對你阿諛奉承的關係。

高階經理人在行爲上達成平衡的步驟

第一步：你的位置可能會關乎劃出界線或是處理紀律問題，因此員工要知道你偶爾會展現權威。如果團隊成員因為你太容易親近或太不嚴肅而認為你是很好對付的人，你就會面對極大的壓力。演變到這種立場會很難挽救。一開始嚴格之後才放鬆，會比一開始放軟之後才想要獲得尊重來得好。

我做過的一些事……

為了讓你對跳出舒適圈這件事覺得放心一點，以下是一些我假借不要太看重自己為名所做的一些事：

- 在正式的晚宴上無預警唱起歌，現場還有皇室人員出席。
- 穿粉紅色天鵝絨服去參加訓練和吃晚餐，為期一個星期，也在一場有上千人觀看的表演賽中穿著這套衣服被叫到球場上去。
- 在全員日上對著三百位員工做有氧健身操。
- 在等待簽名的網球迷面前跳六十秒的迪斯可，沒有音樂伴奏。
- 全裸冰浴……

做了這些事之後，你要如何挽回地位，讓大家還把你當一回事？答案是一條很簡單的規則：談到自己，面帶微笑，談到工作，嚴肅上陣。

第二步：如果你的工作或想法經常是被人幽默的主題或嘲笑的目標，你要馬上阻止，拒絕參與或是絕對不再加入。讓大家看到對方在這方面要幽默感失敗，再加上你偶爾的反擊，將會重新調整平衡。

培養工作關係的練習

這會幫助你思考工作關係，並讓你決定要不要做些調整。

列出所有你經常要交流的同事，為你們之間的關係評分，然後開始查看趨勢。

人際關係評分練習

我們先從用一分到五分為關係評分開始：

一分：非常正式，僅討論工作相關主題。對話中從未運用到幽默感。

兩分：正式，偶爾會提到私生活並用上幽默感，但多半都談工作。

三分：必要時為平衡、客氣且互相尊重的正式關係，但適當時也有輕鬆的溝通和樂趣。

四分：非正式，主要討論非工作相關主題。討論到正式主題會覺得很尷尬。

五分：非常不正式，幾乎沒講過工作主題。主要的交流重點都在插科打諢，很難認真。

你是入門級的員工嗎？你可能有很高比例的職場關係都落在三分以上。這是你的日常交流特性，也很可能是你的生活狀況。你和資深人員的關係比較接近一分或兩分，但是和同儕多是四分或五分。

你是中階經理人嗎？我預期你的職場關係落在三分以下的比較多。面對你的同儕，很可能是三分；如果對方是和你很熟、你很信任的人，可能是四分。如果是資深管理階層，則是一分或兩分。

你是資深經理人嗎？我預期你多數的工作關係都是一分或兩分。

職場關係沒有絕對的規則，反而要隨機應變。這項練習的目的，是要讓你去思考人際關係，並讓你更能根據自身的條件去管理。設計你希望擁有的人際關係，不要屈服於環境中他人硬塞給你的。如果你有部分的職場人際關係並不如你所願，請為自己設定至少一個月的目標，長期以對方為核心逐步改變你自己的行為。

拿捏認真的秘訣

極端的行為改變看起來會很奇怪，很可能毀了你的人際關係。同樣的，龜型人的緩步改變永遠都最好，也最可能持久。

十、和成功的高成就者相得益彰

使用本項練習來提高你在龜型人測驗中以下各題的分數：

- 我決意要做到傑出，並理解要付出很多痛苦的犧牲才能做到。
- 別人可以信賴我能用自己設定的極高標準完成任何任務。

當你愈爬愈高，你很可能會接觸到產業界深富影響力的人並為其效命，這些人都是你所處產業裡的有力人士。我就見過很多這種人，我要在此提出我的七大和高成就者人士往來的最佳方式。

但首先讓我來做一點背景說明，我想要分享我和菁英運動員往來的個人經驗。是什麼原因使得有些人能有極高的成就，但有些人沒這麼行？我認為，是因為前一類的人不斷實行以下行動：

第一步：全心投入

積沙會成塔。我們基本上一天要做幾百個選擇，比方說何時要起床、早餐吃什麼、早上上班第一件事要做什麼，凡此種種。把個人的日常選擇做到盡善盡美，會讓局面大不相同。最有成就的人，做對了大部分的決策，他們累積起來的效果積蓄出動能、高度的自信以及成就。對運動員來說，是要遵守習慣的紀律，包括飲食、睡眠、運動、訓練、犧牲、不管花多少時間都要抵達一定要去的地方。對企業家來說，是要把所有清醒的時間都用來思考產品、研究、和買家締結的網絡關係、找到最好的人並向他們學習。關於紀律，讓人高興的是，這是可控制的因素，因此，只要有決心，任何人都可以做到。

第二步：比別人更努力

成就最高的人會下定決心去做的另一件事，是永遠都要比別人努力，而且永遠都不妥協，常會有人說他們「執迷」。我認識的一位運動員認為，「執迷」是那些沒這麼有決心去做、沒那麼紀律嚴謹和沒這麼努力的人替自己找的藉口，掩飾自己在這個領域的相對不足。你不用到執迷的地步，也可以做到比別人努力、比別人更有決心去做。高成就人士做事都是一心一意，因此，沒有任何事能阻止他們每天自我敦促，去突破心智或體能能力的極限。你可以看到這些人如何創造出了重大變革，成為不容小覷的力量。

第三步：要有競爭力

高成就人士對於領域中的每一件事都具備競爭力，幾乎沒有例外。而且，這不僅限於工作範疇。這些人多數連玩個小遊戲都會殺紅了眼！比起愛贏，高成就人士更痛恨輸，因此，在他們經歷失敗或損失之後和這些人相處會是非常緊張的經驗。

每天都傑出

演員馬克・華伯格（Mark Wahlberg）在替電影《拳力逃脫》（*Mile 22*）的角色做準備時，在社交媒體 Instagram 上貼出他每天的例行活動。這份行程表完美地詮釋了上述的小決定和意想不到的奉獻論點：

凌晨兩點三十分	起床
凌晨兩點四十五分	禱告
凌晨三點十五分	早餐
凌晨三點四十分到五點十五分	運動
早上五點三十分	運動後餐點
早上六點	沖澡
早上七點三十分	高爾夫
早上八點	吃點心

早上九點三十分	冷療復健
早上十點三十分	吃點心
早上十一點	家庭時間／開會／工作電話連絡
下午一點	午餐
下午兩點	開會／工作電話連絡
下午三點	接小孩放學
下午三點三十分	吃點心
下午四點	第二次健身
下午五點	沖澡
下午五點三十分	晚餐／家庭時間
晚上七點三十分	上床睡覺

你可以看到，在這份累垮人的排程表裡，每天要運動兩次、用餐七次，還要挪出時間處理其他工作相關問題、家庭時間，甚至還留了三十分鐘讓他打高爾夫球。華伯格遵循這份時程表四十天，其中包括他帶家人去度假以及離家外出工作。這種犧牲帶來的成果，大家都看到了，二〇一七年，他是好萊塢片酬最高的演員。

第四步：相信自己

這些人身上的另一項共通點，就是他們非常相信自己。就算表面上看起來不明顯，但是他們私下（或是公開）都認為自己是最好的。他們是天生就這麼自信嗎？自信是一種人格特質嗎？不，自信是掙來的。他們完成了很多事，他們做了很多犧牲，他們掙得了勝利。

第五步：化壓力爲優勢

壓力讓碳化為鑽石。與高成就者相處，最讓人熱血沸騰、奮發昂揚的時刻，就是在壓力最大之時。他們會拉高自己的強度，別人投降時他們持續拿出自己的高水準表現，他們甚至變得更好，因為壓力而更蓬勃發展。找一個全世界最出色的人物之一，看看他們負隅頑抗、壓力正大時的表現，此時也正是施魔法的時刻！

第六步：做自己

高成就的人做自己，這一點就很能激勵人心。這些人身邊隨時都有充沛能量、亮眼光環，深具感染力。他們的信心、自信、熱情和權威，會傳遞給身邊的每一個人。這樣的影響力可以是正面的也可以是負面的，端看他們的情緒狀態。

現在你知道是哪些驅動因素讓某些人可以大為成功了，在你見到這種人之前，請先牢記以下的七大實用法則：

（一）盡量以靜制動

成功的人時常被對他們有所求的人接近，但你要有區別。要客氣並盡量以靜制動。最重要且首要的規則是，奉行少即是多的原則。這很契合龜型人的概念。花時間和高成就人士培養出連結，要用的是涓滴成河的溝通法，不要一下子就想要用洪水沖開大門！還記得我和安迪．墨瑞初見面的情況嗎？我只有自我介紹，並說：「如果你有什麼需要，我都會在。」然後我就讓他自己待著。

（二）傾聽

傾聽也同樣重要。請在傾聽這件事上花最多時間。高成就人士最終可能會想了解你，但以他們來說，你去了解他們、讓他們感興趣比較重要。

（三）證明你的價值

一開始和高成就人士培養關係時，你必須證明自己值得信任。因此，請以他們希望你用的方法確實做到他們要你做的事（當然，必須是在合理範圍內）。你要很可靠，要在無需問太多問題就能搞清楚的前提下完成任務。如果他們是超級兔型人，就不會太有耐性，很快就會對你生出負面評價。

（四）提問

總有一天，你會證明自己的價值與值得信任，之後，你會開始試著對此人的想法施加一些影響。然而，當你有機會這麼做時，要直接了當要他們注意聽好，說出你認為這個世界應該怎樣運轉嗎？不可。這樣的人物已經累積出了自己的成就，關於如何才能成功，也已經有了牢不可破的想法。你貿然說出口將會打擊你的信用，很可能也讓你被排擠。要影響他們，關鍵是提出能引來正確答案的問題，而不是直接對他們說。先植入想法，讓他們認為那是他們自己想出來的，然後再用幾天／幾個星期時間巧妙地拋出輔助資訊，讓想法慢慢沉浸在對方心裡。然後，拿龜型人的耐性，靜靜等待。要完整傳遞可能需要一星期、一個月，甚至一年，但他們終究會理解。

（五）培養出尊重

如果你在某個罕見的場合必須和高成就者唱反調，一定要確認你是對的，而且要有大量證據支援你的主張。你在論證當中可能必須退卻讓步，但你要提出你的看法，但願在這過程中你們能培養出對彼此的尊重。

（六）消化情緒

情況不佳時，讓他們發洩。同樣的，要傾聽，並竭盡全力處理任何真正是問題的問題。很多時候，光是讓他們一吐胸中的悶氣就已經能讓局面大不相同。

（七）要低調謙虛

光景好時，就讓他們出風頭。你要低調謙虛，保有龜型人的謙沖自抑。讓高成就人士享受全部的掌聲，你不求關注。嘗試從這種人身上搶風采，從來沒有好結局。

和高成就人士相處練習

我希望你挑一個高成就人士，可以是你選定專業領域裡的人，也可以是你感興趣領域裡的人。這個人甚是可以和你完全無關，你只是把他們當成這個世界的傳奇人物或偶像，很尊敬他們。你的任務是去認識這個人。我說的並不是字面的意思，而是一種比喻，要你去研究和他們有關的每一件事。一定有很多人寫過跟他們有關的事，網路上也有很多影片可參考。我最有興趣不是看他們如何行事，而是去找出是哪些習慣讓他們成功。你要寫下詳細的紀錄與他們講過的話：

↓他們做對的日常小決策；
↓他們如何展現自己比別人更全心投入；
↓他們的例行公事；
↓他們的競爭優勢；
↓他們如何自信地談論自己；
↓他們在壓力之下如何行事，又如何因應壓力；
↓他們的肢體語言、他們的精準焦點與他們的直覺反應；
↓他們的經歷、光環、他們對於自己所做的事展現的熱情；
↓他們如何激勵身邊的人，比方說隊友、競爭對手、家人等等。

做完之後，檢視一下你的筆記，看看裡面有多少是你可以套用在自己身上的心得。你做的這些筆記事實上和對方的成果比較無關，比較關乎他們的行事作風。什麼原因阻礙你，讓你沒有辦法每一項行為都照著做？你的哪些行為目前是在仿效或接近仿效他們的行為？

和高成就者相處的秘訣

能阻止你和高成就者相得益彰的因素，僅有精力和紀律不足的問題。你每一天都有很多機會，讓你落實你的「成就滾雪球」策略，這一次一定要做到。

十一、身體力行，展現領導

使用本項練習來提高你在龜型人測驗中以下各題的分數：

- 我打持久戰，因為我對自己有信心，相信一定會成功。
- 被交託任務時，我會動手去做並堅持做下去，直到完成任務。
- 我很樂於花時間以贏得人心，如果一開始沒人注意到也沒人欣賞我的好表現，我也並不在意。

我後來才明白，一碰到問題就行動，制定計畫並立即踏出步伐，不管是打電話、請人給予方便、運用人脈、網路搜尋還是催促別人提出可能的解決方案，這種人其實很少見。

他們知道，只會坐下來談問題，或是因為其他人找理由不想做事、端出「好的，但是」敷衍塞責心態而受到影響，都不叫領導。我有一位前同事、同時也是我的前輩明師說過：「所謂說到底，就是說的比做的多！」

身為龜型人的你，這裡就是你就算沒有受命也可以領導的地方。採取主動、不待人徵詢就先找出解決方案，就開出一條讓別人看得到、也會跟上來的路。如果當團隊裡出問題時經常這麼做，將會導向晉升之路，因為你早就已經站出來展現了領導作為。

這一節沒有思考上的步驟，反之，你要捲起袖子，嘗試去做以下的快速行動練習。

（一）找到一項適當的任務，帶著高昂的精力投身去做。

（二）就這一次，我不希望你有太多的行動計畫，反之，就去想一想你可以很快地去做哪些事以開始解決問題並完成任務，然後就動手吧。

（三）當你更深入，其他的解決方案（以及新的問題）也會出現。就用直覺反應，一邊做一邊解決。

（四）在這種時候，不用想太遠，問題來了就解決，去做就對了。你會很驚訝地看到你很快就有了進展，而且也會讓你覺得很棒。

如果你自動請纓領導的項目，是已經被列為優先要務而且大家已經勞心勞力在做的事，別人會覺得你這麼做是自以為了不起：認定你想要的是贏得主管的青睞，或是想踩著別人往上爬。反之，你要把重點放在已經被遺忘、被放在一邊或是並非團隊首要之務的任務上，甚至是沒有人想做的事。

> **身體力行、展現領導的訣竅**
>
> 做一個實際動手做的人，而不是在旁邊看的人。展現龜型人持續不懈的努力，並在前方領導。

十二、照料自身、家人以及摯愛的人

使用本項練習來提高你在龜型人測驗中以下各題的分數：

- 無論是在會議中、午餐時的輕鬆談話或是和朋友通電話，我在任何時候都帶著信心來談我真的很在乎的主題。
- 當情勢讓人沮喪而且我感受到極大壓力要我放棄，我仍會堅持去做。

- 就算在最黑暗的時刻，我的信念仍讓我保有勇氣並懷著使命感。
- 被交託任務時，我會動手去做並堅持做下去，直到完成任務。
- 別人可以信賴我能用自己設定的極高標準完成任何任務。

員工經常會談到要如何在工作與生活之間找到適當的平衡，很多高成就人士在這方面同樣也很辛苦。當你愈爬愈高，就會發生這種事。到了某個位置，你需要決心承諾的程度、你的工作倫理以及要做的犧牲太高了，會讓你難有足夠的時間專門留給家人、朋友和摯愛的人。但這麼一來，你又需要對他們付出更多關心，並想要多花時間和他們相處，以便享有最優質的關係。

隨著你的事業發展，你要在能力範圍之內付出最多的心力與承諾，維繫和親友的關係。在這方面，若有任何失衡卻未處理，就可能斷了你們之間的聯繫，等你回到家中，就必須更加努力重新建立。忽視人生中的這個部分，最終一定會遺憾。少了能分享的人，成功就沒這麼美好了；他們支持你讓你去發展事業，這樣的心意寶貴萬分。沒有人是孤島，每個人都需要朋友、家人和摯愛的人。

小小改變，大大不同

全球生態體系目前面對的問題之一，就是塑膠廢棄物大量丟進海洋。幾百萬噸的塑膠垃圾漂流在海上，殺害了海洋生物。衝浪客皮特・謝閣林斯奇（Pete Ceglinski）不等別人做點什麼，他創造出一項名為海洋垃圾桶（Seabin）的發明。這項創新裝置就放在海面上，很單純就是讓海水流經上方的孔洞，流過垃圾桶，濾網會攔下塑膠、油汙和其他漂浮碎屑。這是非常簡單的裝置，也具成本效益。謝閣林斯奇的公司發布了一部海洋垃圾桶實際運作的影片，在網路上瘋傳，讓這個消息傳遍全球。現在，海洋垃圾桶一個月可以收到五噸的海洋垃圾。當一個人身體力行、展現領導時，能讓局面大不同。

當然，你的支持網絡愈大，你要挪出時間與他們相處的壓力就愈大，這可能會讓人難以招架，因此，很重要的是你也要好好照料自己。你實際上能給的，就是這麼多而已。過去二十年來，因為工作之故我常常遠離家人和朋友，我也發展出策略來因應這種時候。我不見得都能身體力行這些指引，但當我沒辦法做到時，我總是感到很遺憾。

第一步：超額溝通

光是多溝通，就已經大有影響。要做到這一點，需要像龜型人一樣，持續努力不懈而且投入大量的時間。你有足夠的時間，只是你要善加利用！你在火車上還是正在吃午餐？把你本來花在社交媒體上閒逛的時間挪出來，改為去連絡這些人，不要只是看著朋友們晚餐桌上吃什麼。

第二步：要身在當下

當你有時間和摯愛的人們相處時，要盡可能把焦點放在他們身上。晚餐桌上展現出你充沛的活力，協助孩子做功課或是安排與伴侶共度的約會之夜。最重要的是，要身在當下。身在當下是指要主動傾聽、保有資訊，而且要體貼並回應家人和朋友的需求。

訂下使用電子裝置的規則（家中每個人都適用），例如，晚餐桌上不准講電話，晚上九點之後不得使用電子裝置。如果你非上班時間需要聯繫同事，跟家裡人談一談，問問看他們比較希望你怎麼做。每一個事件都是一個機會，讓你證明你究竟是很在乎他們，還是你根本忙到分身乏術。不要不把他們當一回事。就算你很了解這些你愛的人，要讓他們知道這些對你來說很重要，是你必須傳達的訊息。

第三步：要有計畫

另一項策略是，一定要就你們都很期待的假期或特殊場合做計畫。如果你要經常出差，這件事就特別重要。要做到的第一點，就是保證你一定會把時間挪出來和大家共度，這很可能是最大的挑戰。在很忙的時候或是你要長途出差時，這類計畫也能讓你有所寄望，提振你的心情。雖然不見得能完全重新調整工作／生活之間的平衡，但確實朝改進邁出了一大步。

第四步：消化接受

要接受身邊親近的人有時也會因為你的工作而感到沮喪或憤怒。不要在這方面和他們爭辯或抵抗，因為他們有權有這種感覺。就算你也是對的，但你傷了他們的感情。而以這一點來說，龜型人看長遠的心態就很重要。你內心深處知道你之所以做出犧牲，是因為日後能為身邊的每一個人都有好處。接受他們情緒性的反應，同時善待自己與維持長遠觀點。

照料練習

這個練習的第一件事就是要你開誠布公，然後要你一起練習的家人和朋友拿出耐心並提供事實。這是讓你最接近以三百六十度的觀點檢視，看看你照料家人和摯愛的方法管不管用。

（一）首先，想一想前述的四項照料步驟，並針對每一項以一分到五分為你自己評分，五分代表你做得最好，一分代表你做得最差。

（二）接下來，在你身邊選幾個個性溫和又坦誠的人；請記住，不是每一個人都能做這項練習。

（三）和他們徹底談過你打算要做的事，並訂出時間和他們一起做。

（四）方便時，和他們坐下來談，說一下四項照料步驟，請他們誠實地替你打分數。

（五）把你的自評分數和他們打的分數拿來做比較，用這來改進你的作法。

照料的秘訣

盡你所能去做每一件事，讓你身邊的人覺得被愛、被珍惜、被關注與被重視。

練習與軟性技能

- 假設別人想要什麼，很少有用。先傾聽對方怎麼說。
- 兔型人有明顯的優勢，因此團隊裡絕對需要這種人，但如果不加以管理，你就要付出痛苦的代價。
- 你花愈多心力針對緊張壓力做準備，自我整備更充分的你就更能面對這樣的情況。
- 記下你的進步，提醒自己你做了多少，能給你自信和動能。
- 改變無可避免，這是唯一不變之事。保有正面樂觀，並根據策略行事。
- 極端的行為改變看起來會很奇怪，很可能毀了你的人際關係。同樣的，龜型人的緩步改變永遠都最好，也最可能持久。
- 做一個實際動手做的人，而不是在旁邊看的人。展現龜型人持續不懈的努力，並在前方領導。
- 盡你所能去做每一件事，讓你身邊的人覺得被愛、被珍惜、被關注與被重視。

CHAPTER 6

磨練龜型人優勢以達最佳狀態

到現在，你已經很清楚自己最像哪一種龜型人、以及到目前為止你這個龜型人發展到了哪個階段。為了贏得比賽，你要用檢視你目前的事業發展階段，以適當適切的方式來應用你個人的龜型人優勢。不管你在龜型人發展上到了多麼高階的層次，重點是，當你來到每一個事業階段時，都要誠實謙虛。在這方面有閃失，很可能會激怒一起共事的人，包括上級主管、下級部屬和同級同儕。確實，剛開始踏入職涯的人常犯的一個錯誤，就是他們想要讓資深員工印象深刻時吹噓自己的經驗，但資深的人早就看多了這種事，很輕鬆就能察覺，並且戳破。

為了幫助你應用你現在學到的龜型人知識，我們要用這一章從非常廣義的角度來探討不同的事業發展階段，我會用我自己的經驗當作實務範例。就算你在選定的專業已經來到一定的層級，甚至已經歷了好幾個，但仍值得花時間讀讀本章，以洞察身在不同專業階段的同事抱持的心態與具備的軟性技能。

接下來，我們就要來詳細檢視事業發展三階段：

↓入門前階段（畢業後）
↓入門階段（任職〇到十年）
↓資深從業人員／中階經理人（任職十到二十年）

其實還有第四階段，這是最高階的高層管理階層、具影響力的人（任職二十年以上），但是我不會談到這個部分。當你的事業發展到這個階段，你已經有了非常根深蒂固的信念系統與行為模式，也穩穩確立了自己的身分認同，任何必要的改變，都會是很個人的，要為你量身打造。我在這一章將把焦點放在前面三個階段。你可以預期，隨著你在事業中愈來愈進步，各個階段也會愈來愈深入、有愈多細節，你可以預期每個階段會有相當多的資訊要談。

在整章中，我會納入一些我個人的案例研究，藉此說明優點與缺點、要做的事跟不可做的事。我也設計了一些發展練習，讓你一路上可試做看看，也有一些很好的實用秘訣。特別是，我把重點放在當你來到不同的事業發展階段時，如何向上溝通、平行溝通與向下溝通。最後要講、但也同樣重要的是，我會在每個階段裡再細分成三個不同的重要期間：蜜月期、整合期和挑戰期。

入門前階段（畢業之後）

你已經決定好你夢想中的職業是什麼。這個階段可以很早就開始，也可以很晚，都隨你。很可能是你離開學校之後，但也適用於某些年紀較大準備轉換跑道的人。

這段重要期間的關鍵要素，是你的正向能量、熱情以及不接受「不」這個答案的心態。你正嘗試著爬上事業天梯的第一階，你必須盡量去敲門。如果你有認識的人、朋友的朋友甚至家裡的人認識在你選定專業裡工作的人，就該打個電話給這些人。聯絡別人時，你的主要目標是用正確合宜的調性來溝通。沒錯，你需要堅持下去才能讓別人注意到你，但你也需要有一些機巧機智。

以下是我為了創造機會而不斷使用的實作方法。你一定要堅持做下去，才能把事情做對。

踏入門內的練習

（一）**思考：**寫下你的夢想工作與夢想人生，要具體且有企圖心。

（二）**留意：**這是最重要的一部分，你要去找出你選定領域中全世界最出色的人物。寫下這些人所屬的公司和聯絡資訊。

（三）**行動：**開始連絡這些公司和個人，要求跟著他們或是看著他們做事。如果會讓事情比較容易的話，你可以仔細解釋你只會待一、兩個小時，就只是待在後面觀察而已。

（四）**重複：**再度聯絡他們；他們不太可能第一次就回覆你。

（五）**移居：**搬到這些公司或人物的主要基地。如果很多這類人都在同一個地區、甚至同一個國家，更要這樣做。在當地找到任何支薪的工作，並把你的餘暇時間都用來跟著他們。你需要賺錢，你也需要去這些公司擔任志工，這是你事業發展中最辛苦的階段。

（六）**擔任志工：**一旦你建立起關係，就提出你志願撥出一點時間去做一些瑣事粗活。要把這些事做好。

（七）**堅持：**重複這些步驟，一直到你累積了一些志工經驗，知道如何在你選定領域中在某些公司裡找到一個入門級的工作，特別是可以讓你踏上梯子的第一步、帶你實現夢想的公司。

我在講要全心全意投入，就是要從這個階段開始。沒錯，就是此時：你的事業發展早期階段。我曾經從英國飛往澳洲以累積志工經驗，我真的是「踏出腳步進門去」，這套策略對我來說很有用。如果我沒有在人生中那個時間點開始使用這套方法，今天就不會來到這個位置了。

你做到了

入門前是一個讓人很興奮的期間。祝你好運，你的發現之旅就從這裡開始：

- 現在該拋下一切，找到最好的。
- 展現持續不懈的努力，你要的不僅是踏進門，還要能留下深刻的印象，讓對方邀請你回來。
- 保持低調謙虛，融入背景。當你受邀跟著某個人時，不要每次都有問不完的問題，準備好一、兩個好問題，當有人請你提的時候可以提出來。一旦完成一個段落，要客氣，感謝對方。提到如果下次有機會再來訪，你很願意再過來，然後離開。
- 當你受邀回來，請以完全相同的方式行事。增添價值，不要增添負擔。

入門階段（任職○年到十年）

你終於踏上選定職業的第一步階梯。想一想，你做志工，死命纏著某些人，聯絡了每一個你認識的人，包括軟性網絡中的家人、朋友、朋友的朋友，你終於找到第一份有薪工作。

我知道，對於剛開始的新手或是入門階段的員工來說，十年聽起來是一段很漫長的時間，但是這樣的設定是有道理的。這是你的成就中最重要的階段；此時是你的基礎，你要在這個時候形成你的價值觀，學到最多知識與技能，並培養出你的專業風範。當然，這個時候也是你在職涯中犯下最多錯誤的時候。這沒關係，此時重點是你不能想辦法掩蓋。無論當時你覺得怎麼樣，自動承認你在某些地方犯了錯，永遠都會比較好。管理階層會敬重你這種行為，他們很可能也知道你不管怎樣都會犯錯。試著掩蓋或否認錯誤，會嚴重損害別人對你的信任，未來也會引發更多問題。我看過身邊很多入門階段的員工犯下欲蓋彌彰這種錯，看到時真的很叫人捏把冷汗。

觀察、傾聽和學習

我已經詳細談過，當你要試著開始攀爬事業的天梯時要做一個熱情有勁的觀察者，那麼當你真的跨上去時，又該怎麼樣呢？在你整個專業生涯中，你的觀察技能都非常重要，在你一開始起步時更是如此。

你最可能受到吸引、想要觀察的面向，是同儕的硬性技能、工作本身、組織、產業及一些可以讓你超前的小方法，事實上，這些都不是你應該關注的最重要事項。以入門階段來說，你應該把更多的精力放在觀察組織和產業內明師與前輩的軟性技能。雖然你相對容易接觸到和職務相關的知識和硬性技能，但是以這個階段來說，學習應該如何行事和如何待人接物以求能繼續往前進，更加重要。

在這個時候，找到一位可以指點你的明師也很重要。如果可以的話，可以做一些正式的安排。找找看網路的一些明師網絡，或是問問看人力資源部門。不然的話，也可以用非正式的方法學習同儕的行事風格。請私下但持續地觀察，記錄下經驗更豐富的人如何處理不同的情境。這麼做可以給你勝過兔型人的優勢，兔型人就算會用這種方法學習，程度也少得多。兔型人通常認為自己早就知道最好的發展路徑是什麼，不管有多少成功的人擋在前面，他們也會劈開一條自己的路。龜型人會設法向身邊的每一個人學習，汲取所有經驗的正面與負面之處。反應過度會招致負面結果嗎？完全不做反應會得到正面結果嗎？不斷分析身邊各式各樣環境，看看會出現什麼情況，你也就是以龜型人的姿態不斷在學習和進步，為自己整備必要的工具，以利在未來掌握情況。這是你的在職訓練，走一條慢而長的路，是龜型人能取得優勢的理由。當兔型人忙著不顧一切代價向前衝時，龜型人在後方觀察，然後經由直接的個人經驗，從錯誤和教訓中學習。

我的第一份工作

我正式踏入我的夢想產業開始工作時，是到一家由主管機關經營的網球學院任職。一開始我很幸運，他們問我想去哪一家學院工作，我就選了一家擁有最頂尖、經驗最豐富教練群的學院。我還沒進去，就有人警告我「準備好當救火隊吧」，並預告我會覺得很不安。天啊，他們可說對了！第一天是這樣的：我去上班，我以為我對這方面還懂一點，我要進去讓大家都知道這一點。在第一場團隊會議上，我隨意說了一些建議，然後被一一駁斥。我很震驚，之前我從未在職場裡遭遇這種事。從那時開始，我就知道，要在這裡撐下來，我要多投身於一些、要賣力地辛苦工作，並且多傾聽。那些教練徹頭徹尾影響了我，把我身上的傲慢和自滿一掃而空，教會我真材實料和忠心耿耿是什麼意思。他們非常嚴格，但同時也無私地支持我。我的第一份工作教會我，在一個每天都有人挑戰你、帶你跳出舒適圈的地方工作，敦促自己是非常重要的事。

向上溝通

不管在事業發展的任何階段，當你要溝通時，一定要記得你要面對的方向：是向上溝通、向下溝通，還是對同儕的平行溝通？身為龜型人，當你向上與管理階層溝通時，你的耐性、堅持、可靠和謙虛就派上用場了。以下是你在向上溝通時最相關的重點，要多考量：

（一）在你專業發展的這個階段，傾聽遠比發言更重要。

（二）表現出樂於傾聽、亟欲學習。

（三）不要用太複雜的方式回答，能用一個字說完就不要用十個字。

（四）如果某個問題你不知道答案，要誠實說；如果你吹牛的話，別人會察覺出來。有自信地回答「我不知道」並表現學習的渴望，事實上會讓人留下更深刻的印象。

（五）如果有人要你完成某項任務，先要問幾個相關的問題釐清，然後動手去做。問太多問題，別人會覺得你不適任或無法獨立思考。

（六）要打持久戰。中階管理階層的人可能將你視為威脅，他們可能會阻礙你的進步。偶爾你會感受敵意或示好，構想被駁斥，理由很可能就是這個。龜型人的作法是接受現況，並繼續努力工作。總有一天會有人聽到你的觀點。

平行溝通

職場的層級可以很複雜，如果你是新進人員、正在弄清楚誰是誰，尤其麻煩。你要接受你一定會對同事犯下一些錯誤。盡量和同事培養出好關係，當你在事業上不斷發展時，這一群人很可能也跟著一起變動，如果跟他們培養出強韌的聯繫，未來就能多開幾扇門。

向擔任類似職務的同儕尋求建議，尤其是在特定範疇或利基領域有專長的人，這也是重要關鍵。在事業發展這個階段，你在技術面有最多可以學的，但在此同時，你也要盡可能投入時間、精力和資源，學習如何好好溝通。所以說，你要開始對小組（包括給資深的人員）提報你的工作成果與想法，就算最初要以非正式的方式進行也無妨。然而，千萬不要弄得太複雜。常見的錯誤是，你在提作法時想要顯得更先進、更高階，但實際上根本不是。我還記得我曾經送交一份全年度的訓練計畫給學院教練，寫出一些很荒謬的細節，比方說每個星期把訓練的量減少百分之一、同時將訓練的強度提高百分之一。回想到我的同事在讀這份計畫時一臉困惑，馬上就丟在一邊，我只想要用雙手抱頭，真是太窘了。我花了很多時間寫這份計畫書，但除了是複雜過了頭的胡言亂語之外，什麼也不是。

一個身處在專家之間、懂得自我覺察的龜型人會怎麼做？

- 「對得起薪水」並堅守自己的專業領域。
- 不要隨便飄進別人的專攻領域。如果你在這類主題上說錯話，很可能有損你自己的專業知識。以我為例，我身為肌力與體能教練，我隨便對網球選手和他們的成果發表意見，很可能會讓別人不滿。直到今日，如果我在這方面有何意見，我會以向網球教練提問的方式來建構意見，而不是直接說出來。
- 迎接一路上每一個發展機會。
- 找到明師指點，繼續閱讀，去上訓練課程，不斷學習。

入門階段

在職業生涯的不同階段當中，每一個階段還有不同的期間。入門前期可能持續幾年或幾個月，這要視你的年齡、生活經驗和動機而定。然而，對於打算利用寶貴經驗與學習為之後的事業建立穩健基礎的龜型人來說，這個階段多半接近十年。

現在我們就來檢視入門階段職務的各個期間。我無法精準針對每一個階段訂出時間，但是我很確定這些期間都會出現。檢視你人生中其他面向，看看是否也有這三個期間以及你可以如何應對，很值得試試看。

蜜月期

雖然這個開始階段的名稱取自於人際關係，但也可以套用到工作職務上。這裡講的是人在工作最初的幾年以天真而新鮮的態度行事。以入門級的員工來說，這是他們的精力和興奮之情都達到最高點的期間。你抱持正面樂觀的展望，還帶著一點天真，任何問題都直接面對，最後通常都在相對毫髮無傷的狀態下成功脫身，為你自己增添另一次學習經驗。

蜜月期是最常出錯的時期，但也會被諒解，原因有二。第一，大家也不指望你有多懂；第二，其他人還把你當成新人看待，這是相互以禮相待的階段。你會發現，大部分的人對你都很有耐心。

整合期

蜜月期結束後，身邊的人開始知道你的斤兩了。他們會看到你的長處和短處，並判定他們要不要喜歡你、以及你的做事方式和他們合不合。

此時的一大改變是，你的想法造成的衝擊已經變小。你投入的心力可能不如以往，在此同時，「熟了之後就隨便」這句話在這裡也絕對適用。因此，在這個階段，常見很多人都會覺得成效來到一個停滯不前的高原區。

但從正面觀點來看，這代表你更受信任、正在掌握訣竅。你也正在找你想要走的是哪個方向、最樂於結交的是哪些人以及你最想接觸的主題是什麼。

我非常相信技能上要專業分工。一旦你選定了你想投入的大領域，此時就要思考一下應該在哪一個特定面向培養專業。選定利基的可能缺點是，你對於比較廣泛性的市場來說就沒這麼有吸引力。我說要找到利基並不是指你不用去掌握所屬領域的通性，而是說你要利用這種通用的知識更深入鑽研。要創造出真正的成就，關鍵是要找到相對無人開發、但現在或未來將會大有需求的專業。很難，但不至於做不到。

我從很小就知道我想要在網球界工作。從這裡開始，我深入鑽研，成為肌力與體能教練，培養出我的利基。我認識一些人，在成為網球選手的肌力與體能教練這個領域專業中更細的領域，比方說，讓自己成為強化選手在球場上位移的權威。有些人還更進一步，成為發球上網位移的專家。當你這麼做，就是讓自己有別於在產業中工作的其他人，你也創造出一種過去可能並不存在的需求。當你做到，消息就會傳出去，就會有人支付更高的報酬來換取你獨有的知識。他們會從世界各地飛過來，參加你專攻領域的研討會。我認為這是比什麼都會、什麼都不精的通才更有利的地位。

挑戰期

以你的職涯來說，在入門階段最後一個期間，你要決定就留在這個領域步步高陞，還是你要離開、到別處重新培養自己。當然，你在前兩個期間的成就，將會大大影響挑戰期將何去何從。挑戰期名稱的由來，是因為這段期間會遇到最多的威脅或挑戰機會，有可能是因為提不起勁、已經不把早期階段的失敗當一回事、其他擔任同樣職務但仍在蜜月期的人獲得新任命或是更換新的管理階層。

培養出你的利基練習

- 想像自己在特定的利基市場裡是世界知名的專家。
- 想像在大型研討會上擔任專家主講人。
- 想一想如果你做到了，哪一種機會將對你敞開大門。甚至可以想一想你對於你身處的產業可能造成多大的影響力。
- 你想留下哪些傳承？這對你來說是動力的來源嗎？
- 擬定一套按部就班的計畫，詳細說明你打算如何實現這個夢想。

- 寫下你要成為真正世界級人物要滿足的標準，以及你打算如何提升自己的技能。
- 去找找看已經達到這個層級的人，向他們學習。他們如何做事？他們擁有哪些你目前還沒有的資格？你能不能花點時間和他們相處？
- 下定決心堅守你選定的路線。基本上，為了達成目標，你該做的每一件事都要去做，不達目的，絕不放棄。

如果你已經開始培養自己的利基，往嶄新且讓人興奮的方向發展，你在這方面的種種付出必能帶來高度的能量、熱情和正面樂觀。如果你還沒有想好要專攻哪一方面，或是還沒有多做一點、多想一點自己未來的方向，在這個階段，主管上司可能以譏諷的態度來看你。

在人際關係方面，你可以把這段期間稱為「七年之癢期」，這個詞本來指的是婚姻中的幸福美滿過了七年之後下滑，有人開始蠢蠢欲動。無論如何，都必須誠實評估現狀。要挽救這種局面，就必須努力尋找構想，以挹注能量、熱情和正向樂觀之情。

總結你在入門階段的經歷

沒有任何指標可以簡單算出何謂成功的職涯。在入門階段，你會接下最多亂七八糟的事、做最無趣的工作，得到的尊重最少，要承擔的責任也最少。就像我一直在講的，這沒關係，這很正常，每一個龜型人都要經歷這一段。

我們在第三章討論的龜型人價值觀，在你的職業生涯這段期間最為重要。低調謙虛、謙沖自抑，以持續不懈的努力和耐心堅持到底、打持久戰，是重要關鍵。你要盡量把頭低下來，以免招惹負面批評，而，由於你不懈的努力與明智的作法，隨著你愈來愈能幹、愈來愈有經驗，將會讓別人注意到你。

在入門階段，你會遇見一些在你日後推進事業發展時非常關鍵的人物。事實上，我把我最早一份健身房教練的工作分享給一位很出色的同事，現在他也和我共事，一起待在菁英級網球界。目前和我一起工作的肌力與體能教練中，有很多是已經相識十年甚至更久的人，我已經把他們當成我的摯友了。

正是因為具備種種龜型人的特質，我才能撐過體能學院的前幾年。我靠本能發揮這些特質，順利走過這段時光。我不能想像，如果跳過入門階段、直接和職業網球員合作，那會怎麼樣？我一定無法駕馭，我沒有能力應付緊張或壓力，我不能培養出真材實料或必要的人格特質來面對這些大人物，我一定也無法成為自己的後盾。

你具備的龜型人特質與培養出來的龜型人價值觀，能夠帶領你走過事業發展的最初階段，並讓你做好準備在下一個階段擅場，請捲起袖子動手做，並成為一個精力充沛的人！

你做到了

我很坦然地說，我對這個階段的描述是以大量的個人經驗為基準。如果你的事業發展目前還在入門階段，你可能不想接受以下的某些建議，但相信我，這些都是必要的。

- 最首要也最重要的是，你必須繼續全心全意、心無旁騖決意走你選定的路。
- 成為最早上班、最晚下班的人。務必讓大家覺得跟你相處是一種正向的經驗，不會讓他們耗費太多精力。
- 在這個階段的你沒什麼經驗與可信度，因此，你如何做人處事就很重要：要讓資深同事喜歡你，不要讓他們反感。
- 資深員工可能會輕視你，要接受這種事，並理解他們之前也經歷過這種階段（情況可能更糟，時間可能更長），才達到現在的位置。
- 只有在你確定事實面你百分之百正確時，才加入辯論。亞伯拉罕．林肯（Abraham Lincoln）就說過一句很有智慧的名言：「寧可什麼都不說、被人當成傻瓜，也好過天花亂墜、讓別人毫不懷疑你就是傻瓜。」
- 你可能有很強烈的意見，但幾乎沒有經驗加以佐證，那你最好把這些意見留給自己。

只在私下講給同事或資深員工聽。

- 精力充沛、熱情與樂觀是你的優勢，你可以接下所有要求你去做的事，並好好完成。
- 也要善於把做費力的苦功做好；不管你信不信，當你做好這些事，會培養出信任與尊重。這算是一種成年禮。

你的下一步，是進展到中階管理階層，到了這裡，你就成為手下新手眼中的專家，以及可以影響到上層主管的人。現在有一些沒有經驗的人要仰望你。你也曾經是他們，你懂這種心態。但你也還有很多東西要學習，還要回答很多人的問題。

中階管理階層（任職十到二十年）

身為中階管理階層，你的位置很重要，要成為協助落實高階管理政策的人。剛進這個產業的新手很尊重你，你也成為他們的前輩明師或主管，資深管理階層也信任你能對公司裡的其他人傳達他們的抱負、價值觀與目標。身為這兩端中間的支點，需要出色的技能才能達成平衡，要同時保有兩邊對你的尊重，尤其困難。

在你開始擔任中階管理職時，第一件要謹記在心的就是你為何最初會獲得這項任命。

是哪些技能和經驗讓你可以得到今天的位置？你被錄取，是因為你懂的事、而不是因為那些你不懂的事；你得到今天的地位，是因為你成為這個人、而不是因為你沒有成為的那個人。

發表公開宣言

二〇一〇年四月，草地網協會指派利昂．史密斯（Leon Smith）擔任英國戴維斯盃（Great Britain Davis Cup team）國家代表隊隊長，當時英國隊正面臨在世界網壇要被降級的命運。我很幸運，受邀以肌力與體能教練的身分加入團隊。在第一次的工作人員團隊會議上，利昂就提出了他對未來的願景，發表以下的願景宣言：「要成為一支做好準備的球隊，重返（國際男子網球隊）世界頂尖集團。」

利昂繼續說，講到團隊的使命是要達成以下的目標：

- **準備：**不管是對待自己的球員還是探查他隊的狀況，我們都要比其他球隊準備得更充分。
- **團隊：**我們要以一支出色團隊行事，創造出無人能敵的團隊精神。
- **旅程：**我們知道改變不會一夕之間發生，我們有計畫也需要時間來發展過程與培養信心。

這次會議中有幾點讓我大為佩服。第一，他的願景宣言非常清楚。內容簡單，卻包含了許多我們即將進行的工作與未來要營造的文化。宣言很有企圖心，但也是做得到的。英國代表隊在世界網壇上居於下風而委靡不振，但隊上也有人才和資源，可以重返頂尖。

在那個當下，聽到領導者的這番自信之言，讓人為之一振。最後，宣言中很清楚定義了使命是什麼。利昂對工作人員與選手的要求，沒有任何模糊地帶。對我來說，那場會議最讓人印象深刻的是利昂傳達訊息的方式。他有很明確的願景，也確信一定能實現。散會後，每一位團隊成員都覺得自己是特別事物中很寶貴的一部分，我們正群策群力朝著共同目標邁進。這是我到目前為止在事業發展過程中見識過最出色的領導範例之一。

五年後，英國代表隊打贏了美國隊、法國隊、澳洲隊和決賽的比利時隊，拿下戴維斯盃冠軍。這支球隊幾乎是直線前進，贏得兩場團體晉級賽，一路上過關斬將打贏其他勝出的國家隊，贏得比賽。從一開始的升降級複賽到決賽，團隊精神始終如一，到今天依然沒改變。

贏得冠軍當晚的慶功宴上，我問利昂我能不能發表演說。這是講給我們英國隊聽的，但比利時隊以及其他代表隊也在場。

我想表達的一點是，英國隊的勝利非常耀眼，但我一點都不覺得意外。我不希望這話讓人聽起來覺得很傲慢或是不尊重對手，我只是想說，這五年來我們建立了正確的流程與文化，球隊花了很長的時間，只為了這一刻做足準備。利昂和球員得到的榮譽名副其實，他們做得很好，也給了我們一段永遠都不會忘記的回憶。

接下一份你要為其他人負起責任的工作，通常會隨著帶來一定程度的恐懼和驚慌。不管是哪一種恐懼，最好的因應之道就是預做準備。看完利昂・史密斯的親身示範之後，下一節的練習可以幫助你做準備。

擬出願景宣言的練習

這項練習是要寫出你對於自己的願景、打算與肯定。在你新官上任的第一天之前，你就要先寫好。簡單來說，請去想：你希望達成哪些成就，才能成為別人眼中非常成功的人；具體來說是哪些事；以及最後的重點：你要用什麼態度去做。

（一）拿掉壓力：要善待自己，不要預期成功一蹴可幾；總有一天，你會有影響力。你才剛剛接下這份職務；甚至，這很可能是你第一次擔任管理職。因此，你要了解你很可能需要幾年、甚至十年才能在這個階段成為大師。兔型人才會一上任就期待明天會成功。要讓你在這一路上有學習和犯錯的空間。

（二）寫下你的願景與使命宣言：你希望部門達成哪些成績？請動動腦，想一想用哪些話能讓大家把你的團隊和工作連起來。想一想你希望他們建立起什麼樣以生命守護的名聲、以利達成目標？之後，用幾個有意義的句子把這些寫出來。

（三）說明你是誰：寫下一句話來說明你是誰。你的長處是什麼？其他人是否認為你是正面角色典範和既成領導者？你到目前為止有哪些管理情境的經驗？高層管理階層或重要客戶在你身上看到哪些因素，才拔擢你擔任這個職務？想一想他們說過的正面回饋意見。之後，寫出一句宣言說明你是誰，盡可能寫出能掌握到你的龜型人特質與價值觀的詞彙。

（四）設定你要達成目標的階段：要做哪些安排？你的團隊需要經歷哪些階段？一定要克服的問題有那些？寫下可能的威脅以及可能出現的問題，以及團隊可能會有的恐懼。你不需要公開討論，但是要做好準備，以防有人問起你這些事。

（五）在你上任第一天就和團隊分享願景宣言：你們可以一起做這項練習，用團隊成員的話以及你自己的話來寫。這些技巧是大家都知道的管理策略，我在這裡要強調的是傳達這些策略的軟性技能。能創造出不同局面的，是你如何傳達策略，策略本身比較沒那麼重要。你必須是會議室裡最相信這份願景宣言的人，你必須用絕對清楚明白以及強烈的使命感來溝通，讓人難以爭論。此時此刻，要把龜型人特質中的熱情澎湃帶到台前來。你要為了這份宣言而感到激昂。指出如果每個人團結在一起合而為一，大家一起努力達成，可以實現的機會有哪些，藉此賦予願景生命力。若有人存疑，或是質疑願景，你要堅定說明，但不要變成對抗。在這個時刻，重點是要讓團隊看到你的信念為你帶來的勇氣。開完會之後，他們應該要能感到充滿活力、受到重視，很清楚也很確定他們將參與一項正確且值得去做的特別任務。

（六）時時刻刻，堅強堅定：這會是什麼模樣？正向，不悲觀。充滿活力，不會死氣沉沉。堅定，但公平。果斷，但不具攻擊性。明確，不容模稜兩可。無可動搖，不會牆頭草兩邊倒。持續，不隨興行事。有必要的話會以本能反應，但基本上要堅守計畫。

面對資深團隊的向上溝通

你要擔當的責任好大，因為你在企業管理鏈上要對上也要對下。你要告訴自己的第一件事是，你能坐上這個位置是因為你的績效表現，因此你要穩住自己的立場，不要討好，也不要變成唯唯諾諾的人。在你的觀點中展現力量，但不要成為好辯之人。從一開始你就要知道，記錄下會議、走廊談話與績效評核時溝通的內容，非常重要。

我最初擔任的領導職務

我的第一個領導職務經驗，是管理一家英國連鎖健身俱樂部下的健身房。回首過去，我認為那是非我能力所及的位置。我發現，最難達成的平衡是，我想要讓健身房裡的指導員、個人健身教練和有氧老師喜歡我，但又想維持一個讓大家能互相尊重的距離。結果，我害怕衝突，在多數時候都不夠堅強。即便如此，我也在很短的期間內學到大量健康健身產業的企業經營知識，做足準備，讓我可以接下之後的工作，在草地網球協會內擔任全國肌力與體能訓練主管。我在那家公司和網球界工作多年，當我接下這份領導職務時，靠著我自己的龜型人作風，我已經和共事的人培養出相當的尊重。雖然我在這份職務的人員管理面向還有很多東西要學，但是我已大有進步，也認為自己成效很高。到了這個階段，我因為辦理網球巡迴賽，一年要出差十五到二十個星期，因此，我最大的問題是要從遠端管理。如果你人沒有和選手在一起，常會疏忽掉很多事，問題也會一放好幾個星期沒有人提報。等到我替安迪．墨瑞領導支援小組時，以我工作的層級來說，團隊裡每一位成員都是其各自產業裡的領導者，在管理這些人時，我發現了我可以改變的事物以及我的影響力所及之處在什麼地方。同樣重要的是，我也開始接受我無法改變的事。

（一）和資深經理人溝通時要循正式的方式，除非他們要求以非正式的方式進行。

（二）對話時不要主動和他們提起私事。

（三）你要做重大決定、也要接受別人替你做的重大決定，因此，列出詳細的理由和證據記下什麼人說過什麼話供日後參考，是你的優先要務。

（四）盡可能以書面傳達。

面對同儕經理人的平行溝通

你是中階經理人，但也別忘了你也是龜型人。你仍要善用你在入門階段時已經練習過的觀察與學習戰術，去看到有些經理人把工作做得很好，有些則犯下顯而易見的錯誤。兩種都要記下來，看看這些情況如何套入你的練習當中。

當你坐上這個位置，除了一、兩位密友之外，還要在比較正式的面向和更多人維持人際關係。不要隨便就承認團隊的弱點、失敗或內部問題，如果這些事情變成滿天飛的流言，可就不妙了。

面對團隊成員的向下溝通

不管你的團隊規模有多大，很重要的是你要求得平衡：你要成為一位受人敬重的領導者，同時也要能激發出正面、互相支持的工作環境。你要讓團隊成員認為你是他們可以對談、可以信任的人，但也是把公司的最佳利益和使命放在核心的人。

你應該會發現自己常常都在傾聽；你的工作不光只是告訴大家要做什麼事而已。向你匯報的人，希望感受到自己受到尊重、被賦予權力。他們期望你肯定他們的想法和感受。

永遠以明確的行動重點來結束會議，並以進度報告展開下一次的會議。要快速追蹤會議中達成協議的事項。你的態度也要一致；除非你知道自己做得到，否則不要答應團隊。當你要做任何決定時，一定要在心裡把你的願景翻出來參考。

這樣船會比較快嗎？

一九九八年，英國男子八人賽艇代表隊苦苦掙扎，在幾項重大比賽中難以打入決賽，因此他們決定從最根本來質疑他們的所有作法。他們在做每一個決定時自問的問題是：「這樣船會比較快嗎？」如果做出的任何行動或決策不會影響他們划船時的表現，他們決定那就不要做，僅專心一致聚焦在重要的因素上，這讓他們兩年後在二〇〇〇年雪梨奧運上贏得金牌。因此，身為團隊領導者的你，必須針對未來的每一項討論和想法自問：「這樣船會比較快嗎？」、「這樣能讓我們更接近完成使命嗎？」如果不能，就算看起來是個好主意，也不要浪費時間去做。

階段內的不同期間

一如入門階段，中階經理人階段也有三個時期：蜜月期、整合期和挑戰期。且讓我們在新的背景脈絡之下再度來檢視這三個期間。

蜜月期

在蜜月期，是你的願景宣言發揮作用之時。此時此刻，你最有能力馬上展現影響力。在這個時候，你的團隊也最有熱情去聽你的訊息。但願，高層管理階層現在也用最熱烈的情緒來對待你的構想。此時，也是你最能要求預算以及落實行動之時。確認你善用了以上所有的要素，讓你自己在這個位置上有個好的開始。

擬出願景宣言練習中，雖然第一項就是要讓你在新官上任時有犯錯的空間，但此時你承擔不起任何疏忽魯莽的後果。你是團隊的主管，如果隨著時間過去你犯下太多的失誤，上面和下面的人都會對你失去信心。因此，當你無可避免犯下錯誤時一定要特別注意，不要沒多久又再犯另一個錯。

這個階段讓我想起二〇一六年時我獨自飛往海外參加訓練營的事。我是最後一個登機的人，等我來到座位上，我看到旁邊坐的是英格蘭超級足球聯盟（English Premier League）裡的一位知名足球領隊。我想起我說的少即是多策略，因此我很客氣地打聲招呼，就不打擾他使用他的裝置了。航程大概只剩一小時之時，這位先生和我聊起天，我們交換了很多在體育界的軼聞趣事，並談起一些我們都認識的朋友。他非常聰明、雄心勃勃、極有魄力而且精力充沛，我非常希望自己有一天也能展現這些長處。他對我提的建議之一，是另外一位世界知名的足球隊領隊告訴他的話：「要有參加婚禮的計畫，也要有參加喪禮的計畫。」

在菁英級的足球界工作，自然競爭極為激烈，這表示，大家也並不指望領隊能在這個位置待多久，因此，像我們在龜型人的看長遠價值觀中看過的，他們必須採取往前布局兩、三步的策略。這位領隊的建議是，善用蜜月期一開始替自己就談個好條件，並且要趁著身邊的人還充滿精力而且正向樂觀的時候，善用機會設定一套有利的退出策略，在情勢無可避免沒有這麼好的時候可以拿出來用。

一開始就要有這類計畫非常重要，這一點給我當頭棒喝，讓我大呼真的是太棒的想法了。我不是用來談我自己在工作上的薪資報酬，而是在新接下一份工作執行策略時當作權變計畫，因應未來可能會出現的問題。你知道的，以後會有整合期和挑戰期。入門階段的員工必須培養利基來幫助自己度過各期間，那麼，中階經理人又該做什麼呢？

整合期

這段期間的重點，是要確定你和團隊都朝著你一開始設定的願景前進。顯然，現在你們已經脫離蜜月期了，每一個人都熟了，但大家對這套計畫也沒那麼興奮了，身為領導者的你，作用就是要避免這樣的情緒變成趨勢。

針對計畫到目前為止的執行狀況做一次紮紮實實的稽核，在整合期特別重要。要好好完成，要就到目前為止的成敗提一些很直接的問題。哪些團隊成員善盡職責做好自己的部分、並找出了有待改進的領域？你的工作是要做點改變，用一點刺激帶動新的熱情，可以是開放空間供團隊提出回饋意見，可以是提出誘因甚至在人事上做點改變，讓大家在交付成果這件事上互相競爭。

在專案一開始寫出一套計畫是很容易的事，然而，一旦出現障礙，就會偏離，因此，回頭檢視初衷並重溫一開始設定的價值觀和行為，能帶來很強的效果。這會提醒每一個人這個專案的基石是什麼，讓每一個人再度回到齊心協力的立場上，包括你。

避免在推動工作時改變你的原始宣言。你剛接下這個工作時給出的清楚明確願景和熱情，永遠都有力量。在你還沒有因為工作裡的政治面煩擾、陷入大小問題都要管的局面之前，你曾經對這份工作懷抱著夢想。你一定要不斷把自己帶回到這幅願景與這些價值觀上，並自問：「我是否忠於我的使命宣言，是否忠於自我？」無法忠於自我可能會成一場大災難，你上面和下面的人會失去信心，不再相信你有能力做出結果。以後你提出任何計畫，大家的反應在最好的情況下不像以前這麼熱烈，在最糟的情況下就只剩口惠不實。面對壓力時回過頭去看看你的計畫，能增長你對於計畫的信心，也能讓大家看到你就像過去一樣相信這份計畫。如果問題一發生你就大幅偏離你的計畫，所有人對計畫和對你都不再有信心。

挑戰期

要在中階管理工作的最後一個期間內成功，大致上要靠的是過去之前幾個期間也成功。中階經理人會遭遇的威脅，會偽裝成組織架構變革或是管理查核及內部拔擢帶入的新血。重要的是，不要覺得這些威脅是衝著你來；一旦你的職涯來到這個層級，這些都是很常見的事情。這不是說這類事件不會讓人覺得壓力很大，人一旦來到這個階段，得失就變得很重大，比方說有高額房貸要支付和有一大家子要養。

由於挑戰期的利害關係來到最高點，再加上威脅帶來的壓力，很多經理人開始純以能不能保住工作為考量來做決策與行事。這種辦法很有吸引力，但身為龜型人的你，這是你最不應該做的事。

不管結果會怎樣，在艱難的挑戰期，以下的三個步驟才是你正確的行事方式。在這個階段有過多年經歷的經理人，就會看到各種挑戰來了又去、去了又來，如果你能撐過變革，就很可能回到整合期，如果你有新的團隊或是新的資深管理階層，甚至會回到蜜月期。當然，你也可能步步高陞。你能從頭到尾表現出色，但有很多人做不到，而這也正是龜型人能贏得比賽的理由：不驚慌，堅守計畫與價值觀。

傾聽你內心的烏龜怎麼說

現在，是時候回頭去看願景宣言的六個步驟了。

（一）卸除你自己身上的壓力：請用友善且正面的語言來反省你在這個職位上的表現，並記住，到了你這個位置，有壓力是常態。你能要求自己的，就是做到全力投入你的工作，而上層主管對你的期待也就是這樣而已。你是因為你具備的知識與技能才得到這份工作，而不是因為你缺乏的東西。因此，請為了自己的努力而自豪。不管發生什麼事，每個人都會在你身上看到同樣的特質。

（二）堅守你的計畫：只有當資深管理階層對你下達明確的指示說你必須偏離計畫時，你才可以偏離。

（三）做一個龜型人：回過頭去看一下你剛接下這份工作時寫下的價值觀、各種正面樂觀的宣言以及肯定話語，然後加上你到目前為止的成就。就這一次，你可以在書寫時帶著像兔型人一樣的過度自信。事實上每一位經理人都經歷過這種時候。未來你想要潰敗過氣，成為上層管理階層中只會逢迎拍馬的人嗎？還是，你要展現堅毅，擇善固執，加倍努力然後更認真奮戰？請記得堅守立場能帶來的力量。不以直覺反應、或者說不訴求直覺反應，只是繼續做你的事，展現正面的態度並觀察情勢的變化，這種作法蘊藏著很大的力量，在戰術上也極具優勢。這些就是一開始讓你能得到這份工作的領導特質。

總結你在中階管理階段的經歷

中階管理層是你的事業發展過程中最豐盈的階段，但挑戰也最大。你在業界已經贏得尊重，也能落實你的想法以及你從自家團隊成員身上學到的東西。隨之而來的，是上層交付給你的責任，以及你必須肩負起照料部屬的職責。要讓兩邊都滿意是很困難的任務，你必須用上你所有的資源以及溝通技能。

你的同儕是其他也擔任經理人的人。多年來，你也把這一群人當成競爭對手。我並不認為你應該花太多時間去擔心組織架構變革，但你也要知道中階管理階層可能會成為組織裡承受衝擊會被精簡的那個部分。理解這一點之後，你要努力工作，成為群體裡更能幹、更有自信的經理人。

- 你如果有想要大幅改變行為、你對別人的說話方式以及你自己的一般行事作風，這是錯的；假設你是從內部被拔擢、現在要管理之前的同事，更不要這樣做。
- 做一點必要的微調，但必須以比較長的期間來做。
- 評估你和之前的同事目前的關係如何，並思考你希望你們之間的關係在幾個月後會如何發展；回頭參考你做過的培養工作關係練習（參見第一一三頁）。
- 不要假裝你是全方位的專家。你現在要監督管理很多人，他們具備的硬性技能可能和你的完全不同，甚至比你的利基技能更出色。這絕對沒有問題，也是很常見的情況。在這方面有一點擔心，也合情合理。
- 準備好要和受你督導的人談話，思考你具備哪些對他們來說可能有用的技能；時間管理、人際技能、聯繫和人脈都很可能有用。
- 避免想要把你的知識與技能強加在團隊裡最能幹的人身上；想一想要如何穩住你自己的立場，等著問題出現或等他們帶著問題來找你，然後你才展現你的技能並提供建議。

- 擬出使命宣言，宣言中要帶入你的團隊。使用和整個團隊的行為與價值觀相關的用語，會是讓大家接受並決心達成使命的很有效方法。
- 避免隨意把團隊的表現拿出來講，主要先把焦點放在你的計畫以及團隊裡的工作流程上，然後讓其他的事情自然水到渠成。

不管是對上、對下或是平行關係，首要的訊息就是要知道你是誰、體認到你的技能得到了獎勵，以及，最終你要有一套計畫，然後不顧任何艱難險阻堅守到底。同樣的，要做一個龜型人，並穩住你的立場。

把你的龜型人優勢磨練到最佳狀態

- 在你的職涯發展每一個階段，你都需要你的龜型人長處為你發揮作用：一開始是入門前階段，接著到入門階段，然後到中階管理階層，最後是高階管理階層。
- 在職涯發展的每一個階段，你要善用龜型人的價值觀，找出應如何面對資深管理階段向上溝通、面對同儕平行溝通以及面對團隊向下溝通。
- 你進入新的職涯階段，你會發現蜜月期會檢驗你的優勢，你也要預期這一份工作還有兩個期間的關卡要過：整合期和挑戰期。
- 在入門前階段，你要抱有正面的能量與熱情，因為你要盡量去敲開各種機會，而且不接受「不」這個答案。
- 入門階段是你最初的有薪職，你在這個階段可能會要待上長達十年，當你在觀察、傾聽和學習時，也是磨練耐性與堅持這些龜型人的價值觀。
- 你可能會擔任多個中階管理階層的職務，在每一個職務上表現如何，就要看你如何訂出一開始的宣言以及如何帶領團隊跟著你度過這個職位上的不同期間。

CHAPTER

7

用龜型人的方法贏得人心

有抱負的人面對的一大挑戰，就是要如何才能把自己的想法與概念傳達給有權威或有經濟能力實行這些想法與概念的人。你可能是在一家大企業任職，有一個新的想法或是創新結果要給高層看。或者，你可能是創業家，要對潛在投資人簡報。你也可能是一名教練，要和同儕分享新概念或訓練方法。你甚至可能是一名學生，要把新理論拿給教授看。挑戰都是一樣的，結果會如何，則取決於幾件事：

- 想法本身的品質；
- 對於目前的行為與想法造成多大的挑戰；

- 想法是否務實，可以實行；
- 時機點，而這又端視組織內部的政治或財務狀況而定。

對我來說，還有一個無法逃避的極重要因素：對群眾提出想法的人具備的相對產業經歷。

評估你的問題

一個構想很可能在前述的檢核條件中滿足好幾個甚至全部，但通常也還不夠。在職場裡，總有某些我們可能不喜歡、但必須處理的既存現實，其中之一是經驗通常可以帶來地位，而地位又帶來權力。

兔型人會挑戰這一點，但即使是他們，也必須融入企業、甚至於整個社會裡的譜系派別架構。兔型人多半對於自己的想法滿懷熱情，傾向於以管窺天，不太理解為什麼其他人抱持著與他們相反的觀點。當他們試圖不計代價把自己的想法變成現實時，會向外尋求認同他們的任何利害關係人，通常還會貶低不支持他們的人。對於他們身邊的人來說，這是很不討喜的取向，但他們不在乎。就算是這樣，龜型人考量其他人的立場與觀點的作法，卻同樣也具影響力，甚至更快達成目的。

我要說的重點是，在你去推銷某個概念之前，你必須先評估自己的立場。你的立場會影響你成功的機率。在你進行交流之前，就要先調整你的期望和你所做的準備。在這種情境下設定符合現實的期望，並不是要挫你的氣勢或讓你沒有動機去做，差得遠了。在我的職業生涯中，尤其在早期階段，當別人不接受我的想法時，我會沮喪萬分，我覺得不受尊重、沒有人支持，覺得根本沒有人聽進我說的話。同樣的，現實只不過是我身邊的人都比我有經驗，他們通常要不是親身試過這些概念，知道這麼做以前沒用、以後也不會有用，要不然就是已經確立了可以順利解決這個問題的方法。若非如此，他們很可能會樂見出色的新想法。但不管是哪一種，其實都不應該影響我對自己的看法。現在我可以很簡單就說出這種話，我也但願，在你評估這樣的過程之後，你也會有不同的感受！

現在且讓我來介紹一套架構，我認為這可以幫助你處理，當你尋求有力人士協助時隨之而來的困境與機會，並且讓組織裡各個層級的人都接受你的概念。

龜型人的買單矩陣

以我在事業不同發展階段的經驗為依據，我設計出了本章中的買單矩陣，幫助你去思

買單矩陣

	目標群眾		
	入門級 / 新手 任職 0 到 10 年	中階管理階層／ 專家 任職 10 到 20 年	高階管理階層／ 具影響力人士 任職 20 年以上
提出者 入門級 / 新手 任職 0 到 10 年			
中階管理階層／ 專家 任職 10 到 20 年			
高階管理階層／ 具影響力人士 任職 20 年以上			

買單機會很高	**買單機會中等**	**買單機會很低**

考當你要推銷你的想法時需要和誰談、又該影響哪些人。你可能很驚訝地發現，原來不見得層級愈高愈有用。通常的情況是，重點在於要讓與你同層級或是你團隊中的成員接受你的想法，然後落實。有時候，由於高階管理人員並不理解下面層級在執行時的現實面，導致下面的人無法實行他們核可的概念。重點不是能不能通過審核，努力提高順利執行的機率也很重要。這也就是我們說要在組織裡讓人「買單」的真實意義。

在買單矩陣裡，我把經驗分成本書之前提過的三個簡單階段：任職〇到十年的入門階段／新手；任職十到二十年的中階管理階層／專家；任職二十年以上的高階管理階層或是具影響力人士。

矩陣左欄表示的是提出概念者的經歷屬於哪一個層級，上方的橫列則是他們試圖要說服的目標群眾經驗層級，不同深淺的陰影則代表群眾接受提出者意見的機率。

處於入門階段的你要如何贏得他人的支持

當你還是入門階段的新手，和你同級的同事也同樣差不多沒有經驗，相關的知識也不多。要影響他們不是不可能，但也不保證一定成功。所以你要做好準備，你要讓他們買單、接受你的想法，只有中等成功機會。

至於中階管理階層有多大可能會接受你的想法，你可以預期成功率很低。你的想法要能贏得他們的心，一定要提出無可辯駁的證據，也必須是絕對出色的構想。多數時候，也必須做到對日常運作的干擾降到最低，而且很容易執行。

最後，當入門階段的員工有機會向高階管理階層做簡報時，矩陣上顯示的成功機率最低，這完全不讓人意外。唯有當有影響力的人針對他們少有經驗的特定議題尋求意見時才有可能成局，比方說產業裡的新科技，或者，如果新手提問的方式正確，讓有力人士認為那是自己的想法，也有可能成功。

處於中階管理階層的你要如何讓別人買單

成為專家的中階經理人，顯然對於新手級的同事很有影響力。面對部屬時，雖然不太需要提出證據或理由，甚至根本連提都不用提，但是中階經理人仍須扮演導師的角色，說明他們做出決策背後的理由。就算部屬非常可能買單並負責後續的落實工作，但這些入門階段的目標群眾可能對於應該怎麼做事也有自己的想法。

如果來到同為中階經理人的層級，就很有可能面臨自尊衝突的問題。提出意見的人與目標群眾都有自己的盤算，兩邊都覺得自己知道怎麼樣才是正確的決定。在這個階段，組織內部有一些非正式的立場傾向有可能勝出，或者，如果你具備一定程度的主題相關專業，勝算也比較大。在這種情況下，只有中等機會能成功讓對方買單。

當中階經理人對有力人士提出構想，成功讓對方買單的機會還蠻大的，但主要取決於以下幾個因素：

- ↓**兩方之間的關係：**大家常會覺得私人關係與公事不應相關，但是在工作上合得來的人會產生影響，有助於讓對方接受，在這種情況下尤其明顯。
- ↓**信任：**這位「專家」過去提出的構想有多少到最後真的成功了？
- ↓**證據：**在這種情況下，要提任何構想，證據都非常重要。

就是因為這樣，中階經理人在提出構想時可以期待自己的構想有中到高的機率會被普遍採納。

身爲高階管理如何達成協議並落實

顯然，高階管理可以預期別人會買單，面對入門階段的員工尤其如此。當然，這是自主性最高的情境。同樣的，中階經理人也很可能會買單。有力影響人士會有意了解專家的回饋意見，特別是關於組織會受到哪些影響，中階經理人對這方面也比第一線工作人員更有感。

最後要提的是，當提出概念的一方與目標群眾都是富有影響力的人，他們聚在一起「應該」是最純粹的決策形式，這群人非常理解自己的領域，也應該秉持客觀的態度來進行討論，但，這只是理論上。這些人多半自尊心最強，因此，彼此妥協的機會很可能是最低的。即便如此，就像我們在矩陣中分析過的同儕對同儕交流動態，還是有中等機會讓對方買單。

我為你設定的目標

在本章中，你已經看到了許多你在職場上以及個人生活面向上會遭遇的真實情境，你要思考，不管對方是兔型人還是龜型人，以上這些原則如何套用到每個人身上。在什麼情況下，身為龜型人的你會比外表看來信心十足、光彩耀眼的兔型人更聰明？

如果我們回想一下第五章談過的技能訓練，我們知道，培養出龜型人的技能組合並學會更善於處理這些情境，不僅能大幅提升事業生涯順利進展的機率，也能提高你的信心並讓別人對你另眼相看。

不管是哪一種情境，最重要的因素幾乎都是要先做計畫。請自問以下這些問題：

- 「我希望自己如何面對這種情況？」

- 「我希望別人如何看待我處理這件事？」
- 「哪種方法能讓我最有機會成功、而且還能得到互利的結果，讓雙方當事人到最後都覺得很圓滿？」

我們知道兔型人就是不會這樣想。不管他們自己知不知道，他們的期望都是要贏，我們也看過這種情境通常會如何發展。當然，現實是，只靠著讀這一章的內容，你能加強的部分有限，說穿了，軟性技能也不過就只是技能而已。任何在自己的領域內成為世界級專家的人，都把自己的技能磨練到大多數人所不能及的程度。他們早來晚走，比別人練習得更多。即便下班回到家，這些人還是在練習。龜型人不會自恃聰明，而是會展現持續不懈的努力，全心全意去做，論認真付出，誰也比不上他們。奉行這一套流程通常就夠了，因為你這樣就能把技能提升到一定的程度，自然而然能展現出來。當你培養出穩住立場的能力之後，只會在適當且必要時才以直覺反應。成為龜型人的你，已經做好十足的準備可以面對世界的殘酷，整備好自己以處理任何情境。這就是我為你設定的目標。

做好準備參加新訓

以本書設定的目標來說，你的第一步是閱讀，這很容易。第二步是要跨出來，把你讀到的內容付諸實行！最好的起點，是完整做一遍我們在肌力與體能領域稱之為「震撼小週期」（shock microcycle）、在其他領域可以稱之為新訓的流程。以肌力與體能來說，這是指你的身體要用一個星期的時機去做你不習慣做的動作，給予身體你不習慣的訓練量與訓練強度。做這些事的用意就是要讓身體震撼一下，導引出改變。

我們要用同樣的新訓手段來擾動你的心態，你要花一個星期的時間來練習本書討論每一項技能，學習、適應、犯錯，然後再學一次。

接下來的龜型人新訓營會分成三個類別，大部分要培養的軟性技能，都是用來解決你可以事先做計畫、然後馬上把計畫付諸實踐的情境。其他的演練則是持續性的，你看不到立竿見影的效果。你還是可以針對何時要用到這些技能做計畫，但是你要更有耐心才能看到結果，比方說，讓你成為更好的神隊友。

最後一類純粹是情境式的技能，管理變革、和高成就者相輔相成以及因應衝突，是這個模組裡的三大主題。熟悉不同情境中的策略，是準備工作中最重要的面向，但是，你沒辦法自己去找到對應的情境，這種事發生就是發生了，因此，你要做好準備。

我也有好消息要告訴你。這本書不叫少林功夫之道，你在新訓營碰到的挑戰會讓你要跳出舒適區，但是不會把你嚇到動彈不得。你的同事應該也不會覺得你一夕之間脫胎換骨……還有，你也不需要徒手連根拔起大樹或是用頭頂破磚塊。然而，目標仍是長期下來你要改變你的行為，而且不管是從專業人員或從人的角度來說，都能發展得更全面。只要你下定決心，龜型人新訓營是很容易做到的練習，你愈經常重複這項為期一星期的練習，就能成為愈好的龜型人。

還有一件事你應該注意到，那就是有些練習你做起來比較駕輕就熟，有些則不然。然而，等到一星期結束時，很重要的是要記下來你覺得哪些項目對你來說最具挑戰性，然後盡量常常練習。我們都喜歡練習自己擅長的，但是舒適區不會有持續性的改變。請展現你的耐心和堅毅：一再一再地面對問題，直到你能克服。

針對龜型人新訓營作準備時，你必須抱持正確的心態，並提醒自己你是誰以及你想成為什麼樣的人。如果你還沒做過龜型人測試，那現在就該去做做看，找到你的優勢以及你需要改進的領域。當你開始進入新訓營時，心裡要有個底。這是你的龜型人身分認同，現在正適合重新調整態度，讓你準備好付出你最大的心力。你是龜型人，你做得到。

你和你的影響力

- 無論你處於何種地位、身在事業發展的哪個階段，你都必須經常性地影響各層級的人，因此，去理解你順利影響他人的機率並盡量提高機會，是很值得的。
- 買單矩陣可以幫助你思考你要提出哪些訊息、目標群眾又是哪種人，考量讓這些人認同你的想法的機率有多高，還有，同樣重要的是，落實構想的機會有多大。
- 在推銷自己的想法時，你會要對抗兔型人，你要提醒自己你所擁有的所有龜型人特質、價值觀和優勢。
- 身為龜型人，你有自己與眾不同的方法去影響他人並讓人買單，而，持續的練習與重新調整自己會幫助你贏得最後的勝利。

TRAIN

龜型人新訓營

任何龜型人新訓營的重點，都是你需要付出的震撼式努力，通常要在很短的時間內完成。對於龜型人來說，這聽起來有點違反他們的本能，但是，如果我不確定這有用的話，我就不會建議你這麼做。

首先，讓我們來定義一下我說的小週期是什麼意思。在培養運動員的世界裡，這個詞通常用來定義最短週期、或者說是最短訓練期間，目的是要達成特定的結果。這通常為期一星期。

再進一步，那什麼又是震撼小週期？這代表大幅提高訓練量，通常比運動員之前習慣的量大很多。設計這種小週期的目的，是要敦促他們突破極限，藉由刺激讓身體適應，然後躍上更高的表現水準，換言之，是要辛辛苦苦過一個星期，以期能快速得到一些進展！

我之前也提過，速成的進步並不是龜型人在意的，因為這種進步通常無以為繼。這是真的，正因如此，在訓練運動員時要慎用震撼小週期這種方法，因為這種方法不適合長期使用，會讓運動員過勞。但是，震撼小週期是啟動一些動能的絕妙好方法，我希望你要用以下的原則來運用這個星期：帶領你自己踏上一條正確的路，走向能持續下去的真正變革，而，這樣的改變速度會慢很多。

再來是決心的問題：你能不能在很近期就把龜型人新訓營納入你某個星期的生活當中？你可能會想著要不要請幾天假完成這個演練，雖然這是很實際的考量，但是你可能沒有那麼多假可以專門用來從事改變事業的活動；或許，你可以一邊工作一邊找出額外的時間。再者，你也可以把演員馬克・華伯格當成範例來效法，提早起床以完成上午的任務，然後做別的事，到下午五點時再來完成下午的任務。又或者，你可以在上下班通勤的時間做這些活動。至於其他的替代方案，比方說，你一定會有午休時間。

關於這些練習，最棒的是，你花在思考如何回答問題的每一分鐘，你寫下來並用來反省的每一個字，甚至是你所做的最微小行動，都是踏踏實實通往正確方向的一步，最終能讓你更快樂、更成功。這裡完全沒有負面效果。就算你一開始想出來的答案是錯的，但至少你會知道什麼方法沒用、你不想要的是什麼，有時候，這可能是找出什麼方法有用以及你實際上想要什麼的最好辦法。

現實是，如果你現在正想到一些理由，擔心你沒有時間下定決心去完成龜型人新訓營，那麼，你又能定下多少決心，要成為一個更好、更精進的龜型人？在你要成為成功龜型人的這趟修練旅程中，你要走的下一步會決定了你是成是敗。你已經走這麼遠了，就讓我們在這最終階段再用力推一把。

下一頁是一個為期一週龜型人新訓營的樣本範例，當然，你可以用不同的練習抽換範本中的例子，這完全要看哪些項目對你來說有用。之後，我會把這些練習和之前書中的討論連結起來。

	星期一	星期二	星期三
上午	**新的開始** 不同事業階段的相關練習	**規劃未來** 想像未來腦力激盪練習	**壓力** 在心裡預放話語練習
下午	溝通練習	高成就人士相處練習	想像壓力練習

	星期四	星期五	星期六	星期天
上午	**人際技能** 人際關係評分練習	**成果** 想像成功練習	**規劃磨練持續性的技能** 孕育龜型人的團隊文化練習	**繼續規劃** 成就滾雪球練習
下午	同理心練習	想像失敗練習	照料自身、家人及摯愛的人	買單矩陣

第一天：星期一

現在是星期一早晨，就以你目前事業發展階段的某大型專案來啟動改變吧：

入門前階段：踏入門內的練習（參見第二二二頁）

入門階段：培養出你的利基練習（參見第二三二頁）

中階經理人：擬出願景宣言的練習（參見第二三九頁）

你在不同事業發展階段的重要練習，會替你設定基調並給你願景與行動方案、讓你知道以中期來說你是怎麼樣的一個人以及你想成為怎麼樣的人。所以說，你在做這些練習時一定要展現你的雄心。

我預期，要規劃與執行這種程度的專案，需要的時間會不只一個早上，如果你沒有完全做完的話，沒關係。你在這個星期很快要去完成其他任務，到時候你可以回過頭來把這項練習做完。

第一天也最適合思考最重要的軟性技能：溝通技能（參見第一四九頁）。從數量和品質這兩個面向來思考你和人們的互動、然後做練習來改善你的溝通，能讓你這個星期的新訓營有個好的開始。

第二天：星期二

現在我們要把眼光放向未來了。第一天想出的計畫和願景已經很清楚印在你心裡，我希望你能盡可能想出之後馬上會遭遇到的狀況，並且去看看在事業生涯中創下偉大成就的人。這可以幫你預做準備面對之後的旅程，也會對你有所啟發。

想像未來腦力激盪練習（參見第一八〇頁）

高成就人士相處練習（參見第二〇八頁）

第三天：星期三

任何值得踏上的旅程，一路上都會有很多顛簸做為測試。到了第三天，你要開始針對這些顛簸障礙做準備。壓力一定會出現，檢視你處理壓力的方法會是很重要的一步，到時候就可以導引你的方向。

在心裡預放話語的練習（參見第一六六頁）

想像壓力的練習（參見第一六二頁）

第四天：星期四

到了第四天，我們要回到人這個主題以及你如何和他人交流。到了這一步，是一個好機會重溫你的溝通練習並檢視你進不了多少，同時也評估你和身邊的人關係如何。

人際關係評分練習（參見第一九九頁）

同感練習（參見第一三九頁）

第五天：星期五

到了第五天，這個星期即將結束，我希望你想像一下你期望達成的可能成果。想像是力量非常強大的工具，你愈是讓自己沉浸在這樣的經驗裡，讓經驗有生命力、對你來說彷彿真有其事，就愈可能成功。請自問：

「我希望這些經驗看起來怎麼樣？」

「我希望這些經驗聽起來怎麼樣？」

「我希望這些經驗感覺起來怎麼樣？」

不管是哪一種軟性技能，做好準備，能讓你直接邁開腳步走出去，以後回首過往時也會感謝自己。

想像成功練習（參見第一七三頁）

想像失敗練習（參見第一七一頁）

第六天：星期六

到了第六天，雖然是週末，但也要開始為比較長期的專案做計畫。當然，這些任務都不是做一次就好的，而且你會比較慢才能看到成果。

孕育龜型人團隊文化的練習（參見第一五九頁）

照料練習（參見第二一六頁）

第七天：星期天

思考自己要如何才能成為更好的神隊友、你打算如何照料自己的家庭和朋友，這些都是能帶來很多益處的任務。這個星期即將結束，你已經檢視過所有你為了開始積蓄動能以創造成功所能做的所有小小決策，也規劃了要如何讓身邊的人接受你的構想，這應該能激勵你並為你帶來信心。

成就滾雪球練習（參見第一七六頁）

買單矩陣（參見第二五八頁）

累積經驗，你會愈來愈強

就像成就滾雪球練習一樣，你挪出一個星期來強化自己以及琢磨你想如何培養自己，將為你開出一條你之前沒想過的道路。你將面對各種問題，包括你是誰、你想成為什麼樣的人、你想怎麼樣做以及這些改變實際上會是怎樣。

不要急就章去做這些任務，也不要對自己許下你做不到的承諾。好好做一個龜型人，慢慢來。把事情做對，比把事情做完更重要。如果你遇到障礙，暫時離開任務二十分鐘去做別的事，然後再回來捲起袖子，再試一次。你沒有什麼做不到的。

結論
皇天不負苦心人

任何曾經改變人生軌跡的人，在做出改變時都會在情緒上用上很大的力道。你看到自己很醜的那張照片，決心督促自己好好運動鍛鍊出好身材。你對自己的健康深感惶恐，於是你決定要更活在當下，在你還做得到時好好享受人生。別人對你的聰明才智有負面評價，所以你去上訓練課程，向他們證明真正的自己。不管大小，這些事件都刺激了你對自己說：「我再也不要繼續走同一條路。如果我要找到幸福，我必須嘗試不同的作法。」

你是龜型人，現在，你已經更清楚這是什麼意思，以及你可以怎麼做、以求在工作上和個人層面來提升自我。當然，這本書以及我所學到的一切，都是以我自己的龜型人旅程為依據，那麼，我是贏得比賽的龜型人嗎？這個嘛，當別人忙著揚名立萬、開始奮發、從錯誤中學習與把握出現的機會時，我憑藉著向來讓我與眾不同的特質和價值觀，仍享有成功順利的事業發展。對我來說，花時間打造出直到今天仍能支撐著我的穩固基礎，這份慢的力量無人能敵。

雖然這個世界需要兔型人天生才華、充滿魅力的人格特質以及直接的行動，但是，只有靠比較普通的龜型人堅持下去，撐過各種逆境和挑戰，到最後贏得勝利，世界才能順利運作下去。

如果你謹慎地遵循本書要傳達的建議，你就會注意到你不可能去決定自己是要當兔型人還是龜型人。整體而言，每個人多多少少都有一些混合特質，但，你要不然就是龜型人，要不然就是兔型人，這是天生的。讀完本書的各章，我希望你已經能體察到你是哪一種，而且未來也將繼續善用你新得到的體會。成功，很多時候關乎我們有多努力敦促自己往正確的路上前進，也關乎我們有多了解自己，知不知道自己天生擅長哪個領域，我們又該強化哪個面向、以發揮自己最大潛能。如果你現在已經在自己身上找到龜型人特質並且認同其中一些價值觀，這是很有利的立場，你可以從這裡開始邁向未來，實現你現在明白你可以做到的進步，而且，你很清楚你永遠不會變成可能徹底慘敗的兔型人。

雖然我花了時間告訴你龜型人有很多不同的類型，然而，你愈是努力發展自我，你愈能將這些不同類型結合在一起。如果你在做龜型人測驗時誠實作答，你將會找到你還需要努力的領域。你可能已經試做了本書中的一些練習，並評估過你有多需要不斷重複再做。如果你已經開始進行龜型人新訓營，太棒了！

如果你都還沒有開始動手，那麼，今天正是時候，開始把你的龜型人本色盡量發揮出來。要敦促你展開行動需要哪些契機？回想一下別人最近在工作上對你說的負評，或許能給你最初的動機讓你想要去自我強化。更好的作法是，你也可以試著想像一些非常正面的事，想一想你最好的人生；你得到了你的夢想工作而且成為超級明星；你以後要住的房子、車道上的車；你藉由完成目標讓好多人幸福快樂；你會對世界大有貢獻、並改造這個世界成為一個更美好的所在；每個人都會為你感到驕傲；你也為了自己而自豪。利用這樣的願景為自己注入改變的能量。如果這可以幫助你更抓穩心中想要改變的動力，想想看，如果你不把能量投注於帶動改變，你的人生將會變成怎麼樣。檢視你想像過的一切畫面，現在，再想像完全相反的景況，這對你來說應該算是夠好的動機了吧？

我在本書中所寫的每一項行動都是你可掌控的，以把生命潛力發揮到最大來說，這是最讓人興奮的部分；這和天分以及能力沒什麼太大關係，重點是態度、工作倫理和決心。假以時日，憑藉著龜型人的人格特質，基本上什麼都做得到。理解並接受你是龜型人而不是兔型人，代表你要達成目標的時間壓力就沒那麼大，但這也並不表示完全沒有時間壓力，迫切感和企圖心應該還是會鞭策著你。你就預期你要花十年時間來累積出強大的動能好了。

不要因此覺得惱怒。你要花很多時間才能到達頂峰，代表你學到的心得更多，你的準備做得更充分，你更有能力看見陷阱，學到領域中的特殊知識，而且更容易和走在相同軌道上、但位在事業天梯較低處的大多數人起共鳴。

到最後，你在這趟成為一個人與一個專業人的旅程中建構出了自己的價值觀，那才重要。身為一個龜型人，我在本書中所寫的價值觀，幫助我把事業發展到最極致。我一向努力身體力行這些原則，但我也是一個有缺點的人，不見得永遠都能成功。然而，重要的是要能盡快意識到這一點，然後回歸這些價值觀。我寫本書的目的，就是要讓你能理解，不管你現在處於任何階段，如果你要順利走過現在正踏上的旅程，你需要哪些軟性技能。

遵循我在本書中提出的建議，你能避開錯誤，別人也會認為你的表現超越你的年資，有能力巧妙地用最不會讓人抗拒的方法處理很多挑戰。目標不僅是成功，更要做到長期成功。

我希望你能為自己創造出最大的幸運。要有耐心，要全心全意，你終究會達成目標！

致謝

我要感謝在我這趟漫長的龜型人旅程中幫助過我的每一位，就先從我在蘇頓鎮一起打網球的朋友謝起，尤其要感謝羅布・哈潑（Rob Harper）和克里斯・史帝爾斯（Chris Steers）。我們都對這項很棒的運動同感興趣，這讓我們不斷觀察彼此打球並一起切磋較勁，也帶我的人生走上一條當初我只能夢想的路。沒有他們，我就不會在做我如今所做的事。

除了這些朋友們之外，我也要感謝我們打網球的俱樂部蘇頓青少年網球中心（Sutton Junior Tennis Centre），這裡很歡迎年輕選手，也很支持我，我不僅在這裡打球，也在這裡做過好幾份工作，我當過吧檯的服務人員，我第一份訓練網球選手體能的工作，也是在這裡。

我要誠摯感謝多年來合作過的每一位球員，當然還有今天仍繼續合作的夥伴。我和每一個人都保持聯繫，與他們一同歡笑，每一次的相處經驗都會教我新東西。

感謝我的朋友伊恩．修斯，他一直都在我的生命裡，小時候他教我打球，後來我們一起工作，我結婚時他還是我的伴郎。他教我忠心耿耿這個詞的真義，多年來他做了很多，是良師更是益友。謝謝。

我也要感謝在我教練生涯中兩位最具影響力的人物：馬克．泰勒和萊頓．阿佛瑞德。我在書裡也提到過，馬克在澳洲給了我第一個擔任教練的機會，之後我們還在羅浮堡共事五年。我也在那裡遇見傑出的主教練萊頓。在他們的指導之下，我的學習曲線幾乎是垂直的，我也在人生與事業這個階段學到我必須學的一切。我很清楚，少了他們教我的心得與教訓，我不會成為如今的教練。

當然，我要感謝安迪．墨瑞。二〇〇七年他給我的機會、以及自此之後他展現的忠實與忠貞，不僅改變了我和我家人的人生，也讓我得以實現夢想，和所屬領域裡的頂尖人物共事。他讓我看到要成為世界第一必須要有的標準，更讓我看到我永遠會拿來惕勵自己的工作倫理、犧牲與毫無妥協的投入。

我也要感謝這些年來墨瑞團隊裡的每一位成員。我們有好多歡笑，教會彼此好多東西，我把你們每一位都當成是最真心的好友。

這本書也有自己的龜行之道。如果沒有我的出版經紀人尼克．瓦特斯（Nick Walters）以及大衛．萊辛頓事務所（David Luxton Associates）團隊成員的耐心與幹勁，這本書永遠也無法上架。把我的初稿整理成形、讓讀者輕鬆好讀的人，是因為出色的作家馬克．葛利非斯（Mark Griffiths）。我還很清楚記得我們第一次的電話對談，結束後我覺得充滿活力，因為他馬上就懂我在這本書裡想要展現的調性和要傳達的訊息。我們合作的每一刻都讓我很享受，我知道他和我一樣為了這本書而自豪。我也欠了麥可．歐瑪拉圖書（Michael O'Mara Books）很大的恩情，尤其是喬．史丹索爾（Jo Stansall），感謝他們終於把我的夢想變成現實。我真心感謝他們的支持。

我剛開始把筆記整理成書時，我第一個就拿去和我們家的密友瑪克欣．瑞克絲（Maxine Ricketts）分享。小瑪聰明到有點可怕（她是地方法院法官），而且天性溫暖極願意幫助別人，給了我很大的信心，讓我一開始敢把稿子送給出版社。

最後，我要感謝我了不起的家人。無論我在世界上哪個角落，我知道他們永遠都會在電話的另一頭，隨時隨地陪伴著我。我的父親大衛（David）是我面對狂風暴浪時的堅定磐石，母親珍奈特（Janet）永遠正向樂觀。他們支持我，扶持我走穩旅程上的每一步，我很幸運能成為他們的兒子。我為了發展事業做了很多犧牲，沒辦法常常見到雙親或我的兄弟姊妹克里斯（Chris）與喬安納（Joanne），但我們仍然親密。我是少數得天恩賜的幸運兒，我有很棒的岳父母，我真心期待能和傑夫（Jeff）以及妮可（Nicole）相聚，在我需要做出重大決定時，也經常徵詢他們的意見。

我故意把兩個人放在最後，他們是我這一生的摯愛：我的妻子薇琪（Vicky）和兒子奧斯卡（Oscar）。我知道有些話很老套，但我還是要說，每次我把鑰匙拿出來要開門，知道他們會在家裡迎接我，我就感到興奮又感激。多年來，我的妻子都要面對我經常因為工作離家，但她仍悉心照料家庭並給我支持，就連我知道她自己很不好過的時候都如此。少了她，我根本不會有動力開始去做我做的這些專案。我身陷困境時，她的智慧總是能一語點醒夢中人，她還有不可思議的本領，向來能釐清混亂的局面。我們初次相遇時，我在酒吧裡搭訕她，問她的芳名，她以破碎的法文回答我：「Je ne parle anglais!」（意為：我不會說英語），我覺得有點挫敗開始離開，只聽到她在我身後開懷大笑。後來，我們盡可能讓笑聲充滿整個房子（她還是幾乎不會說法語！）。

本書的起源有點病態。我上班要花很長的時間坐火車通勤，於是我想趁此寫點什麼給奧斯卡，如果我因為某些原因不能陪他長大的話，這些筆記也可以幫他做好準備面對人生。坐了幾趟火車之後，我的筆記寫了一頁又一頁，然後就變成一本書了。說到底，我兒是我寫這本書的背後動力，激勵我寫下這每一個字。從他誕生的那一刻起，他就彰顯了你在本書中會看到的每一種龜型人價值觀。他是我的靈感，我要把這本書獻給他。

創新觀點
慢行致勝：12個創造穩定成功的祕訣

2023年8月初版　　定價：新臺幣390元

著者	Matt Little
譯者	吳書榆
叢書編輯	連玉佳
校對	胡君安
內文排版	李偉涵
封面設計	陳文德

出版者	聯經出版事業股份有限公司
地址	新北市汐止區大同路一段369號1樓
叢書編輯電話	(02)86925588轉5315
台北聯經書房	台北市新生南路三段94號
電話	(02)23620308
郵政劃撥帳戶第0100559-3號	
郵撥電話	(02)23620308
印刷者	文聯彩色製版印刷有限公司
總經銷	聯合發行股份有限公司
發行所	新北市新店區寶橋路235巷6弄6號2樓
電話	(02)29178022

副總編輯	陳逸華
總編輯	涂豐恩
總經理	陳芝宇
社長	羅國俊
發行人	林載爵

行政院新聞局出版事業登記證局版臺業字第0130號

本書如有缺頁，破損，倒裝請寄回台北聯經書房更換。　ISBN 978-957-08-7013-8 (平裝)
聯經網址：www.linkingbooks.com.tw
電子信箱：linking@udngroup.com

國家圖書館出版品預行編目資料

慢行致勝：12個創造穩定成功的祕訣/ Matt Little著 .
吳書榆譯 . 初版 . 新北市 . 聯經 . 2023年8月 . 288面 .
14.8×21公分（創新觀點）
ISBN 978-957-08-7013-8（平裝）

1.CST：職業成功法

494.35 112010583